品成

阅读经典　品味成长

愿你被世界温柔以待

古小娟

在烦恼把我搞疯前，我先甩掉它

太过耗尽全力去生活，会把自己耗尽的

允许悲伤，允许无力，
允许自己偶尔是个废物

事情是做不完的，我要躺平一会了

悲伤来袭时，到音乐里疗伤

习惯指责的人，内心都是纸老虎

抱抱亲爱的自尊，它很容易碎

世界很喧闹，我不慌，不忙，不焦虑

松弛感

范俊娟 著

人民邮电出版社

北京

图书在版编目（CIP）数据

松弛感 / 范俊娟著. －－ 北京 ： 人民邮电出版社，
2023.5（2024.5重印）
ISBN 978-7-115-61605-0

Ⅰ. ①松… Ⅱ. ①范… Ⅲ. ①成功心理－通俗读物
Ⅳ. ①B848.4-49

中国国家版本馆CIP数据核字(2023)第061486号

◆ 著　　　范俊娟
责任编辑　马晓娜
责任印制　陈　犇

◆ 人民邮电出版社出版发行　　北京市丰台区成寿寺路 11 号
邮编 100164　电子邮件 315@ptpress.com.cn
网址 https://www.ptpress.com.cn

三河市中晟雅豪印务有限公司印刷

◆ 开本：880×1230　1/32　　　　　彩插：4
印张：8　　　　　　　　　　　　2023 年 5 月第 1 版
字数：140 千字　　　　　　　　　2024 年 5 月河北第 11 次印刷

定价：59.80 元

读者服务热线：（010）81055671　印装质量热线：（010）81055316
反盗版热线：（010）81055315
广告经营许可证：京东市监广登字 20170147 号

友情推荐

　　俊娟是一名非常优秀的心理咨询师，她的写作能力与咨询能力，曾为幸知在线的发展壮大做出了不可磨灭的贡献。后来看到她一步步创业成功，真心为她感到欣喜。她是不多见的把事业和家庭平衡得非常好的女性创业者。带着松弛感迎接人生梦想，是每个女性都要有的精彩人生！

——潘幸知　幸知在线女性心理成长平台创始人

忙忙碌碌中必然紧绷，身心俱疲之后效率还不高，如何找到松弛的状态，内心还有力量、温暖、坚定，是现代人需要修炼的一个课题。柔软和松弛过去被定义成不良标签，而现在却是稀缺的心理品质。作为心理咨询师的范俊娟，咨询实践和自我体悟双修，她的《松弛感》一书，可以作为指引和参照，让我们活成更好的自己，活得更漂亮。

——丁建略博士　吉林大学心理学系副教授

看到好朋友俊娟的这本《松弛感》，下意识里我长长地呼出一口气。那一刻，我觉得自己忽然轻松了许多。

因为"松弛感"这三个字，无比精准地说出了当下无数成年人的状态，无论是内心还是身体，出于各种各样的原因处于紧绷状态。人们在上了发条一般的生活中，无法松弛下来。我本人极力推荐这本书给大家，我们每一个人都需要松弛感。感谢俊娟把这么多年的收获与感悟汇集成书，分享出来。

——王思渔　思渔情感创始人，资深心理咨询师范俊娟老师是我在百家号上遇到的付费作者里最通透的人，很多心理学专家很懂得如何运用心理学开设咨询、讲课和变现，但范老师却是用它在做学问，渡人渡己。每一次与她交流都会受益良多，于一言一行之间感悟出从走脑到走心之间的格局差异。

很开心范老师能把这个过程用文字涓细入微地写下来，让更多人和我一样，被一次次重新代入过去某一时刻的自己，一步步成为更好的自己。

《松弛感》这个词如此熟悉而陌生，它是我们一生都在追求的一种安全感，是可以让我们重回在母亲怀抱中的那种丝毫不需要为任何事担心、焦虑、筹谋的，将身心完全交付给当下的放松。而另一面，它似乎又是我们一生所学里都在避免陷入的温柔之乡，是我们要不停地逼着自己把发条上紧的生于忧患。那么到底该用什么样的心态来看待生活给我们的一切成败呢？

读完这本书，你就会明了，自洽，那是一种对自我的认知、接纳与回归的过程。范俊娟老师给了我们一剂点燃内在生命力，让心灵重归完整、无畏与宁谧的良药。懂得走心，让世界变得更好。

——韩彦　前百度百家号高级运营经理

AI时代来临，机器人解放了我们的体力和脑力，但我们依然会时常感到身心疲惫，心力是所有人的修行课题。范老师的新书《松弛感》提供了一系列内在疗愈和疏通提升内在力量的方法，帮助我们克服焦虑和负面情绪，摆脱心理困境。这本书不仅适合需要自我疗愈的人，更适合每一个渴望提升内在力量的人。

——张轩铭　百度高级产品运营经理

自序

当下让你焦虑的问题，
终会成为垫在脚下的土

人的一生会遇到很多问题，每次遇到问题时，我都会提醒自己，带着感恩的心态去看待它，因为这些问题是世界送给我的一份礼物，这份礼物是那个渴望变得更好的自己所期待的。

世界给予我们的礼物都是被包装成问题之后送到我们面前的，就看我们有没有能量去消化它。很多人兜兜转转犯同一个错误，背后其实是自己不能接纳和面对那个未知的自己。

我们的心在惧怕，在逃跑，而一个人习惯躲避之后，就会积攒越来越多的谎言，自己都搞不清楚问题出在哪里，就像个慌张的孩子，最终只剩下无力的辩解和虚假的面具。

能够勇敢面对自己的人则完全不同，也许还是会遇到问题，但这些问题都会成为垫在自己脚下的土。自己一点点踩实，一点点垫高高度，终有一天可以从曾经深陷的问题之井里爬出来，重新呼吸到外界新鲜的空气，不由自主地说一声"哇，原来世界这么大，我又重新感受到自由了"。

这种看待问题的角度，就是我在学习心理咨询时所得到的最棒的礼物，现在也送给看到这本书的你。

希望你带着探索和觉察，带着好奇和发现，最重要的是带着希望和欣赏，遇见另一个从未谋面的自己，而不被当下的问题带进泥沼里去。

不过，要做到这样真的很难。当我们一次次经历挫败，一次次被拒绝、被打击后，失去信心和自暴自弃是常态。要发掘这背后的力量，找到属于自己的价值，依然珍视自己，则是逆人性的。

但正是在这个过程中，我们可以慢慢修炼自己的内心，让原本那个充满恐惧和不确定，时刻可能被负面情绪占领的自己逐渐安静下来，松弛下来。这就是一个人内心的修炼。

当这样的信念根植于心时，我们便会发现这世间的一切不过都是修炼内心所要历的劫。亲子关系如此，夫妻关系如此，金钱关系如此，职场晋升亦是如此。

我们遇到的形形色色的人，经历的奇奇怪怪的事，不过是用来让我们突破自己的舞台，帮助我们像照镜子一样更好地看清自己，而那些陪我们演对手戏的人和台下的观众，都是缘分使然。

感恩遇到的一切人和事，顺利的是来滋养我们的，不顺利的则是帮助我们成长的。把握好这个原则，你便会发现这个世界上没有任何东西值得你去抱怨，因为你的时间和精力是最宝贵的。

你的每一分每一秒要么用于滋养自己，让自己过得更好，要么用于突破自己，让自己变得更强。除此之外，其他的事都跟你无关。越是能够这样管理自己的人生，修炼自己内心的人，越能真正把握人生的主导权。

在成为一名心理咨询师和创业者的路上，这也是我时刻提醒自己要去觉察的。这样的信念就像一个钩子，让我可以从身边所有的人和事上勾到利于自我修炼的养分，让自己可以快速迭代和破局，让我从一个胆小、敏感、自卑的小女生一步步蜕变成一个勇敢、松弛、有热情、有底气的大女人。

这一路上，我遇到了很多困难和挑战，遇到了很多贵人相助，也突破了很多第一次：第一次辞去习惯多年的朝九晚五的工作；第一次体验心理咨询师这种自由职业所带来的茫然和空旷感；第一次接咨询时害怕辜负案主期待的担忧；第一次体会到创建团队的兴奋和沉甸甸的压力；第一次给员工培训时看着大家眼里闪现出来的光芒；第一次讲线下咨询师培训课时体会到什么叫一个人的影响力……

这些第一次就像牵着我爬山的引绳，让我一步步看清自己，不断欣喜感叹"哇，原来我还可以是这样的"。那种美妙的感觉让人难忘，就像孩子刚学会骑自行车时，内心的恐惧逐步转变成兴奋，世界突然间变大带来的突破边界的快乐。这就是我在自我突破之路上得到的最好的奖赏。

感恩这一路上我遇到的所有人，有太多名字刻在我心中，他们带给我启发和成长，帮我体验这个真实而丰富的世界，也越来越让我能够活成真实而自然的自己。

今天，我们在这里结缘，你准备好跟我一起不骄不躁，活出松弛的自己了吗？我是范俊娟，我在这本书里陪你一起突破自己，拿回世界给你准备好的奖赏，我们一起出发吧！

目　录

第3章 提升松弛力，由内而外养出松弛感

第 1 章

告别"紧绷感"，拥抱"松弛感"

你是不是紧张爆棚的人？

面对领导的苛刻要求，你明知自己完不成，却不敢表达自己？

面对同事的过分求助，你明明不乐意，却不敢拒绝，因为害怕拒绝对方会引起冲突？

在跟朋友的相处上，你特别害怕冷场，于是每次聊天都要以自己的回复来结尾？

即便特别不开心，坐到工位上时依旧要努力挤出一丝笑容，调整呼吸，逼着自己投入工作？

每天都感觉身心疲惫，以至于跟伴侣闹别扭后，你会立马认错，以免双方陷入情绪漩涡？

紧绷，几乎已经成为当代人的通病，大家都陷进紧绷的状态里，被焦虑、迷茫、烦躁和无力感掩埋。

在这一章，我们聊聊这种让人不喜欢却又不自觉卷入的状态。

紧绷，
是当代年轻人的通病

🐾 制造紧绷的不是别人，而是你自己

　　紧绷，几乎已经成为当代年轻人的通病。不管你愿不愿意，种种现象已经提醒你陷入了紧绷的状态里。

　　一位40多岁的女性在当了20多年的全职主妇之后，毅然选择了离婚。因为她在婚姻中，每天都被老公期待要不停地围着他转。她被指使着一会儿倒水，一会儿给他拿拖鞋，一会儿要收拾房间，一会儿要做饭。丈夫一不顺心，就会指责她："我在外面打拼那么辛苦，凭什么你在家什么都不干？你这个女人太自私！"

　　这些话何其熟悉，曾经她也是被父母这样数落着长大

的。只要一闲下来，她就会听到父母的各种抱怨："你这么懒，长大了谁肯娶你当老婆？你一点都不知道心疼我们，就知道玩。"每次听到这些话，她都很受伤，因为他们只看到她停下来了，却没人看到她之前做了多少。

她渐渐地麻木了，开始用同样的方式对待自己。哪怕父母已经不在身边，哪怕感情消耗殆尽离了婚，当她一个人生活时，她发现自己变成了那个不允许自己停下来的人。

内心的紧绷就像刻进了骨子里一样，一旦脚步稍微慢下来，她就会开始攻击自己：你太糟糕了，你怎么可以只图自己享乐，你怎么可以这么懒……

每当想到这些，她就只好让自己继续打起精神忙下去。哪怕已经非常抵触正在做的事情了，她也不能够让自己放松下来。因为只要一停下来，那些自我攻击会让她坐卧难安，更别提享受那一刻的轻松了。

紧绷最可怕的地方在于，并不是别人督促你、提醒你、要求你，而是时过境迁，物是人非，你已经不再是过去的自己，却依然不由自主地沿着过去的生命印迹，让自己持续活得紧绷，无法活在当下。

不只是她，现代有无数的年轻人正在承受着紧绷感带来的困扰，紧绷成了一种"流行病"。

当你紧绷时，你的心就像箭在弦上，总觉得有大事要发生，总觉得有糟糕的问题要出现，总觉得必须要做些什么，不然天可能就会塌下来。

所以你时刻准备着，让自己的每一根神经绷紧，肌肉绷紧，内心绷紧，拳头握紧，做出时刻准备扑上去的姿态。哪怕本来早就已经太平无事，你也不敢让自己解衣卸甲，踏实睡个好觉，更别说享受生活带来的快乐了。

哪些状态说明你可能已经陷入紧绷状态了呢？如果你有以下五种状态中的两种或以上，就说明你可能已经陷入这种状态里有一段时间了。

1.效率低下

做事情效率很低；明明对当下做的事很排斥，却还是逼着自己去做；无法停下来修整，更无法停下来复盘和总结，认为这会浪费时间。

2.内心焦虑

内心充满焦虑，总是惶恐不安；哪怕没什么重大的事情发生，也总觉得世界末日要到了一般；自己必须努力去做很多很多才能稍微缓解焦虑，但其实回头一看，发现根本没做什么。

3.敏感易怒

烦躁易怒；对别人的评价非常在意，哪怕是轻微的评价，也容易解读为"你在批评我"；要么因此受伤而陷入悲伤中，要么跟对方发生冲突。

4.身心疲惫

身体容易没来由地疲惫，动不动就感觉自己好像累得不行，但其实根本没做什么事；说不清楚自己为什么这么累，但就是感觉累，对很多事情都提不起兴趣，总想躺平；可是每当想到躺平，就会开始自我谴责，逼迫自己重新打起精神去做事情。

5.体会不到快乐

很少感觉到快乐；很少能停下来观察一下周围的环境，

打扫房间，倾听花开的声音，闻一闻青草地的香气，感受一下阳光照在身上的温暖；仿佛在活着，可是又从未感觉到自己在活着。

🐾 为什么努力生活的你会活得如此紧绷？

一个人活得紧绷的背后，通常跟五个关键词相关：童年创伤、自我安全感、情绪记忆、内心对话方式、亲密关系。接下来我们一个个来看，为什么这五个关键词会导致我们的内心越来越紧绷。

关键词1：童年创伤

童年时期的经历是一个人最早接触这个世界时对外界产生的基础感知。越早期的童年创伤，对我们的身体留下的创伤痕迹就越大。创伤会导致我们大脑的神经系统发生改变，也会让我们身体的自主神经系统功能失调。

正常来讲，人的三重脑区分别是理智脑、情绪脑和本能脑。正常情况下，这些脑区都能正常运转，我们可以理性思考，该工作工作，该休息休息。

但是，**经历过创伤的人，其理智脑会关闭，情绪脑会跳闸**，只剩下本能脑在工作。而当生存或安全受到威胁时，本能脑就会启动两种反应：战斗或者逃跑。

这两者中的任何一种反应，都会造成身体应激能量过度残留在我们的神经系统中，让我们容易过度警觉、肌肉紧绷。而这些应激能量在我们的身体中无法被释放出来，副交感神经系统失去了本来应该有的释放和放松的能力，造成身体始终活跃在高激动能量状态下。

关键词2：自我安全感

越没有安全感的人，越容易活得紧绷。因为安全感往往跟攻击性有关，无论是向内攻击自己，还是对外攻击别人，都会降低一个人的自我安全感。

如果一个人总是自我否定：我不行，我很笨，我什么都做不好……这些来自内心深处的自我否定就会让他终日小心翼翼，胆战心惊。

每当开始尝试新事物的时候，他都会预言自己的失败，而这种自我否定会让他更加确信这个世界很可怕，自己是没能力应对的。他的力量感一点一点被吞噬掉，但是外界挑战还在，怎么办？他只好通过绷紧自己的每一个毛孔来应对挑战，让自己保留好残存的能量，帮自己度过危机。

紧绷是我们应对危机时能量不足，身体向外界寻找弥补的表现，但遗憾的是，外强中干并不能真正帮助我们解决问题。

关键词3：情绪记忆

人都是有情绪记忆的。很多事虽然已经过去很久了，但是我们当时的情绪记忆依然会留在脑海里。

快乐的情绪记忆会留下滋养性的能量，而恐惧的情绪记忆则像黑洞一样，会留下吞噬性的漩涡，让我们整个人都处于一种惶恐不安的状态中。也许我们觉得并没有什么事，但是身体会把过去的影响带到现在。

这就像电脑的储存空间一样，内存被垃圾占满了，影响了电脑的运行速度。如果一直不清理，我们就会一直被影响。想要提高运行速度，我们就需要学会清理内存。

情绪记忆也需要定期清理，长时间不清理就会让我们的内心处于饱和状态，一点点小事就会让我们情绪爆发。本来我们没必要发那么大的火，却控制不住自己，这就是情绪记忆没有及时清理所带来的后果。

关键词4：内心对话方式

每个人都有个内心电台，每天都在播放不同的有声小说。有的电台播放的是恐怖小说，有的电台播放的是侦探小说，有的电台播放的则是励志小说。这些电台播放的频道，就是我们内心的对话方式。

有的人不但每天给自己播放恐怖小说，还到处给身边的人播放，这样的成人养大的孩子也是满心焦虑和恐慌的。

所以，留意你每天跟自己的内心对话的方式是什么，观察一下这些对话是正在增加你内心的焦虑和恐慌，让你变得越来越紧绷，还是让自己更加轻松自在地享受生活？这决定了要不要调整你的内心对话方式。

关键词5：亲密关系

亲密关系的质量通常会成为一个巨大的外部刺激源，影响我们的紧绷感。试想一下，如果你每天一回到家，伴侣就数落你："你怎么这一点小事都没做好，我要你有什么用？我都跟你说了八百遍了，为什么你总是记不住，我随便找个人结婚都比你强！"

你会不会变得越来越愤怒，越来越紧绷？会不会总是想跟人打一架，总觉得天要塌下来了，总觉得有些事还没有做完，不敢让自己停下来休息？那几乎是一定的，只要你还对对方有一点点在乎，你就会不可避免地被影响到。

其实，所有影响紧绷感的因素都跟一个词有关：恐惧感。恐惧感在给我们制造一种危机四伏的假象，让我们误以为：我要被抛弃了，我要成为拖累了，我要被看不起了，我要不被重视了，我要不值得被爱了，我要不够好了，我要被批评了，等等。

这些来自人性底层的恐惧，有些是早年就已经种下了，有些是直到现在，还在每天不自觉种下的。

要想打破这种紧绷感，就要找到一条路径，学会降低自己内心的恐惧感，或者学习保持适度的恐惧感以保证安全，但又不被恐惧感淹没，这种尺度的把握非常重要。在本书的后面，我会一点一点帮你做到这些。

亲爱的，试着放松

 下班路上，试着告诉自己：

- 今天的我，挺了不起的。

- 我每天努力去做的样子已经很棒了。

- 我可以让自己慢一点，停下来闻闻花香，感受世界给我的滋养。

你所有的情绪**问题**，
都源自缺乏内在力量

曾有位女案主告诉我：每次职位升迁后，她都只能高兴两三天，之后焦虑就会卷土重来。

尽管每次她都能应对好，但还是忍不住有很多担心：万一做砸了，别人看自己笑话怎么办？万一辜负了领导的信任怎么办？万一客户不满意怎么办？她不敢让自己停下来，每天都在拼命努力工作，累到整个人都筋疲力尽。

这种感觉就像在踩高跷，每天都如履薄冰，内心那根弦始终绷得紧紧的。只有一直不断往前冲，焦虑才能暂时缓解一点，而焦虑背后是她内心的恐惧。

因为她觉得没有人会无条件地接纳自己，也没有人能帮自己撑起一片天。她的内心从来没有一处安详宁静的空间，可以让她放松地做自己。所以她只能拼命让自己长本事，自己保护自己。

结果是，老公觉得她太过强势，像女王一样自以为是，经常对她很冷漠；孩子觉得她只在乎自己的成绩好不好，感觉不到她的爱，跟她对着干。

她内心的委屈没有人看到，也没人心疼，她心灰意懒时也想过：既然孩子和老公都靠不住，那就好好赚钱。只有银行卡上的存款不会背叛自己，可看着卡上的数字不断增长，她也并不能感到真正的快乐。

像她这种紧绷的、完全松弛不下来的状态，就是典型的内在力量不足的表现，而夫妻矛盾、亲子冲突、事业焦虑都是力量不足结出来的果。

内在力量充足的人，才有松弛感

内在力量，指的是一个人作为生命体的内在生命力，具体可以表现在四个维度上：内在脚本力、自我对话力、标签破局力和关系赋能力。

1.内在脚本力

内在脚本力指的是：我是否觉得我是有价值的，我是足够好的，我是值得被爱的，我是有能力的。

这是一个人在成长过程中通过无数次跟重要他人的互动，从对方的态度和眼睛里所映照出的自己。

这是内在力量的初始值。有的人不管多么优秀，还是会莫名其妙地觉得自己不够好，就是这个维度在发挥影响。

上文提到的那位女案主，她总觉得不会有人接纳真正的自己，真正爱自己，没人可以让自己放心依靠，就是她内在脚本力弱的表现。

内在脚本力弱带来的根源记忆会深深地刻在她心里，她不管跟谁相处，都很容易唤起这种感觉。即使有不符合这种感觉的人和事，她也会质疑，经过反复猜疑和加工，就算是好的也会变成不好的，这是另一种层面上的"心想事成"。

2.自我对话力

自我对话力指的是：我们会将重要他人对待我们的方

式，内化成自己对待自己的方式。

他们也许常说"你很棒，你很优秀，我很喜欢你，你简直太厉害了……"或"你怎么这么笨，你怎么做什么都不行……"，这都会影响我们后天自我对话的能力。

这种能力会影响我们的内在力量。如果自我对话力强，我们的内在就会越来越有力量；如果自我对话力弱，我们的内在力量就会越来越弱。

3.标签破局力

标签破局力指的是点对点突破能力。比如一个人总觉得自卑，特别希望撕掉自卑的标签，以为只要不自卑，他就能爱自己，就能更自信。

结果他一直努力地往上爬，想借此消除自卑，可是无论他取得怎样的成就，自卑心依然存在。

这就是突破自己某个标签的能力较弱所带来的。

4.关系赋能力

最后一个是关系赋能力：当你每次跟别人接触时，是在消耗自己的力量，还是在巧妙借力，通过关系来为自己获得力量？

内在越没有力量、越需要力量的人，越不容易通过关系获取能量，而内在越有力量的人则越容易从关系中获取力量。

所以，前三个维度越强的人，最后一个维度往往也越强；前三个维度力量越弱的人，也越容易在最后一个维度中丢失力量。

🐾 为什么女性尤其容易缺乏内在力量？

传统社会教育对女性的期待更偏向于要懂事、体贴，以家庭为重，好像女人只懂付出、没有自我才是好的，不然就会被抨击、被指责，甚至被惩罚。

电视剧《都挺好》中的苏母就是典型代表人物。为了让弟弟得到城市户口，她嫁给了自己并不喜欢的苏大强。结果导致了后面一系列的悲剧，后半辈子的婚姻决策权都出让给家庭利益。她一边屈服于命运安排的不公，一边内心又愤怒不甘。被迫顺从的愤怒和不甘人生就此堕落的反抗不断地交替撕扯着她，让她变得面目狰狞，扭曲而可怕。

在现实生活中，这类女性的命运远比苏母还要令人唏嘘。

我曾接过一个个案，暂且叫她小 A。她是长女，父母要求严苛，她习惯了照顾弟弟妹妹，给弟弟妹妹做好榜样。时间久了，她在关系中慢慢形成了习惯性付出的模式，以为"我只有付出，才会被爱""我不付出和照顾别人，就会被批评和抛弃"，而这种信念大大削弱了她在内在脚本力维度上的力量。

婚后，虽然小 A 生活上对家庭的付出很多，但并没得到丈夫的尊重和爱。因为她会经常盯着丈夫没做到的地方，劈头盖脸一通指责和抱怨。

丈夫去关心她时，换来的也是"你还知道关心我啊""你还能看到我辛苦啊""你说得倒好，要落实到实际行动中去"

这类恨铁不成钢的话。

这些话或许没错，但在丈夫听来，是讽刺、要求和批评，他慢慢不再说了。他的行为也总是被挑刺，因此越来越沉默、压抑、没自信。

小 A 感觉丈夫始终都不懂自己想要什么，而且自己说了那么多遍，他都没有做，感觉他根本不爱自己，不在乎自己。

她越想越觉得委屈和难过，见到丈夫就更加生气，她会立刻跑过去厉声指责他，希望他能被敲醒，不再躲避。但她不知道的是，她越试图去敲醒丈夫，敲下去的每句话都像根钉子一样，扎进丈夫心里，让他更加想逃离婚姻。

小 A 之所以一直在用指责和攻击的方式要求丈夫跟自己亲近，恰恰是因为她内在力量不足。

首先，从她的内在脚本力看，她的内心已经被写下了"我只有付出了，才有价值，别人才会爱我""我不重要，我对别人有用才重要，我一旦没用了，别人就会抛弃我"这种信念。

当这个负面脚本在她内心被写下时，她就不敢相信有真感情，也不相信别人会喜欢真实的她。而"付出"就成为她的救命稻草，于是她一边外表强势、过度付出，丝毫没给自己留任何个人空间；一边当别人靠近时，她总是难以相信，不断用像刀子一样的话扎伤靠近自己的人，希望能证明这个人是经得住考验的，是真的爱自己的。

她看不到别人的伤口，也看不到自己手里的刀，只能看到别人远离她，然后将此解读为：果然没人真的爱我。她就这样一次次强化失败的情感经验。

小A的自我对话力也非常弱。她很难表扬自己，更难表扬丈夫和孩子，因为从小到大，她都是在被指责和批评的声音中长大的，所以她也习惯于以这种对话方式和丈夫、孩子交流。

这一度让丈夫越来越不自信，也让孩子越来越远离她，而她自己也经常处于"我很糟糕"的感觉中走不出来。

这些也让她很难在婚姻中获取能量，所以她的关系赋能力也非常弱。因为常沉溺在自己的情绪中，看不懂丈夫沉默背后的感受和需求是什么，所以她很容易将沉默解读为不重视和不爱自己。

所以，小 A 每接近丈夫一次，力量就被削弱一次，婚姻慢慢变成了两个人痛苦的枷锁。

🐾 如何提升内在力量？

很多自认为内心没有力量的人，其实并不是真的没有力量，而是内心有很多股力量在互相撕扯、互相打架。

这就像马路中间停了一辆马车，表面看上去没有动，其实是五匹马在分别往不同的方向拉扯。每一匹马都非常用力，但马车依然纹丝不动。

如果不能学会调整和整合这些不同方向的力量，这个人就会像别人看到的那样或者自己以为的那样——内心没有力量。

所以，通俗地说，内在力量表现的往往是一个人跟自我的关系的总和。如果内在力量是一个军队的司令部，那么司令部管辖之下的每一个下属部队就像我们的婚姻、职业发展、人际交往、兴趣爱好等分支机构。

司令部的每个主管领导都像不同生活场景下的你。当整个司令部齐心协力、互相支持、互相理解，形成一股强大的凝聚力时，那么其指挥出来的下属部队必定作战勇猛，百战百胜。但如果相反，司令部每天都在搞内部矛盾、分崩离析，那么每个下属部队也会逐渐瘫痪，节节败退。

当你内在有力量时，你会发现你就是整个世界，你就是一座宝库。你倾尽一生只不过是要认清自己，取悦自己。

而这样的你也是做所有事情的源动力，你所遇到的所有问题，其答案都会从你的内心不经意间流淌出来。

你不需要努力思考，不需要刻意控制，用最松弛的状态，就可以做出最佳选择。

如果你也希望自己能达到这种松弛自如的状态，可以好好看看这本书。这本书会为你创造一种安全的文字环境，而我会为你提供科学的方法和实操的技巧，帮你一步步修炼出这样的松弛感。

亲爱的，试着放松

每次有情绪的时候，试着告诉自己：

🐾 我的情绪小怪兽，谢谢你的提醒。

🐾 有你保护我，我不孤单。

🐾 你可以放轻松一点，我会有办法照顾好自己。

你耗尽了全力生活，却被生活耗尽了自己

耗尽全力去生活的人，多半努力错了方向

耗尽全力去生活的人，常常很少被鼓励用心解决问题。

我们常常被训练想办法去解决各种问题。我们越努力，就越依赖自己的大脑，却很少被鼓励用心去解决问题，因为不走心就不会受伤。

结果是，我们耗尽了全力生活，反而被生活耗尽了自己。

为什么这么说呢？因为问题恰恰出在了"耗尽全力生活"上。当一个人需要耗尽全力去生活的时候，极有可能是他太依赖用脑，却不会用心了。

比如，一位妈妈看着孩子的成绩越来越差，夜里两点却还在玩手机，内心特别焦虑，想让老公把孩子的手机没收了。她督促老公去做那个"坏人"，后来老公被逼无奈只好跟孩子爆发了一次激烈的冲突，成功把手机没收了。

看上去问题解决了，但真的解决了吗？并没有，因为当孩子手边没有手机的时候，凸显出来的问题就变成了孩子巨大的课业压力无法排遣。家里压抑的气氛让孩子觉得自己什么都不能说，压力再大也要忍着，只能在父母面前演一个听话懂事、勤奋好学的孩子，只有这样才不被指责。后来，这个孩子得了抑郁症。

在这样的家庭里，妈妈是"走脑一族"，总是用讲道理、分析利弊的方式试图说服孩子，让孩子做出改变。孩子感觉到的往往不是被支持，而是被指责和巨大的压力。

结果妈妈越努力，越苦口婆心地讲道理、规劝孩子，孩子越抵触、排斥父母，越想要逃避。

"走脑"是启用大脑这个武器去分析、评价、想办法应对。"走脑的人"就像一位导演，面对一部剧，自己始终是个局外人，对剧中人的爱恨情仇是抽离的。

而"走心"不同，"走心的人"往往需要入场，他们本身就是演员，他们的心是打开的。

让人耗竭的通常都不是事情，而是关系

在上述案例中，拖垮孩子的并非学业压力，而是压抑和令人窒息的亲子关系。事实上，所有被生活耗竭的人，背后常常都有一段或多段捋不顺的关系，一段你做什么都不对、做什么都不被认可、做什么都不被支持、做什么都不被理解的关系。

你越努力，就越被消耗，甚至你错误的努力方式变成了问题恶化的元凶之一。这时候你的努力就会变成持续累积的负能量，是给你制造更多问题的源头。

同样是面对生病，不同家庭的反应却不同。有多少妻子抱怨：自己生病之后，丈夫的第一反应竟然是埋怨自己不能给他做饭，而不是关心自己、照顾自己。她们觉得心寒，想要离婚。

又有多少妻子欣慰：自己生病之后，老公虽然平时跟自己吵架，在这个时候却嘘寒问暖，家务全包，还为全家人做饭。

我们无法决定我们能遇到什么事情，这些或许是每个人都要面对的客观现实，但我们可以决定人跟人之间相处的温度是冷还是热。

客观事实不可改变，人情冷暖却会让本来不幸的事变得温暖，也可能让本来温暖的事变成冷冰冰的算计。

让我们感觉被耗竭的，往往就在于此。

现代社会几乎所有问题的源头都离不开人际关系，一般存在两种关系模式："我－你关系"和"我－它关系"，你更偏向哪一种？

什么是"我－你关系"？这是一种双主角的关系，意思是这里的两个人都不是主角，又都是主角，是互相配合、互相融合的关系，可以取长补短，共同合作，各自发挥所长。

什么是"我－它关系"？这是一种单主角的关系，其中

"我"是主角，而"它"是配角。它是谁并不重要，重要的是要能迎合"我"的开心与不开心。

比如，有些女人谈到自己的老公时，会这样讲："我感觉老公把孩子当成玩具，开心了抱过来逗逗，不高兴了丢在那边就不管了。"这样的描述就是"我－它关系"的模式。

很多人感觉被耗竭，就是因为他们身处的位置是"我－它关系"中的"它"。他们的感受没有被看见，对方不尊重自己、不在乎自己，打着为自己好的幌子，做的却是伤害自己的事。

还有一种类型的人会被耗竭，是因为他们自以为这段关系是"我－你关系"，但其实只是活在"我"的世界里，却看不到"你"。

他们以为自己是付出最多的一方，对关系寄予厚望，渴望被爱、被感激，结果却发现对方在拼命反抗自己。

之前看到一句话："父母都在等着孩子道谢，孩子却在等着父母道歉。"这就是关系错位所带来的问题。

活在"我-它关系"中的人，往往自己也看不到内心的
"我"。因为从小被忽略，或者感觉自己只有做到什么，才能
得到认可，所以他们其实没有能力达成"我-你关系"。这
种状态在男性身上尤其明显，一旦老婆生气了，很多男人就
会开始紧张，以为自己必须努力解决问题，才能哄老婆欢心。

结果，男人越努力动脑思考而不"走心"，老婆越觉得
他们是在敷衍自己，变得更加生气了，因为她觉得对方根本
不在乎自己。

其实女人要的只是男人积极的回应，这样就能知道原来
自己并不孤单。结果男人一味程序化地努力的样子反而失去
了人情味，变得更像一个问题解决的工具。

你有没有越来越像解决问题的工具人？

想想看，是不是我们大多数时候都在做这样一件事：把
自己的感受放在一边，先解决问题再说。

我们习惯于认为谈感受都是矫情，能解决问题才是硬
道理。

所以在遇到危机事件时，我们会调用各种资源，想办法解决问题，把化解危机当作最重要的事。结果人变得越来越功利，越来越强势、刻薄，也越来越封闭自己。

当然有时候，这种方式真的能帮助自己解决问题。但有些时候却要以牺牲跟身边人的关系为代价，最终关系成为累积新问题的起点。

有个女大学生来找我咨询，原因是父母不同意她和男朋友交往。她内心很挣扎，既舍不得和男友分手，又怀疑自己的选择到底是不是对的。

这看似是如何做选择的问题，背后其实是她能否为自己的人生负责、她的人生谁说了算的问题。

在这个年龄段的她刚好要拿回人生的掌控权，但同时也要为自己的选择承担责任，却没有足够的生活经验和阅历支撑自己的选择。

这是每个人在成长过程中都必须面临的一课。如果能看透这个本质，争取自己做主的权利，理解父母的意见和担忧，就能从这个过程中快速成长。

但可惜的是，她过度焦虑，选择快刀斩乱麻，和男朋友分手，内心却带着对父母的怨恨，导致很久都没有谈恋爱。之后也是走马观花地相亲，始终没有重燃对爱情的热情。

所以遇到问题时，我们不要只是一味焦虑，停下来让自己想一想：问题背后需要自己在哪方面获得成长，这样才能真正地解决问题。

相信很多父母都有望子成龙的心理，每天都苦口婆心地唠叨孩子要努力学习，不要堕落下去。结果孩子感受到的不是父母的爱，而是认为父母眼里只有学习成绩，会更加讨厌学习。

孩子内心压抑、崩溃到极限，却又没人可以倾诉，就会用刷手机、听音乐来安抚自己，结果这些方法却引发了父母更多的焦虑和担忧。

父母越焦虑，越担忧，就越会努力想办法帮助孩子。他们把自己当成了解决问题的工具，却忽略了自己的焦虑和害怕。他们用不走心的方式跟孩子沟通，却从未了解孩子是不是也在焦虑和害怕。

最后父母无法安抚孩子，甚至还成了孩子的另一个压力来源。

🐾 取悦你的内心，它自然会引领你走向你需要的答案

为什么父母对待孩子的方式被孩子如此排斥？因为父母在从小到大的成长经验中，被种下了太多"苦"的种子：要勤奋刻苦，要能吃苦耐劳，良药苦口，等等。所有跟进步和努力有关的记忆，都被染上了"苦"的味道，好像不够苦就不足以证明自己足够努力一样。

为了适应这么多苦，父母找到的方法就是把自己的感觉压抑起来，把自己的心门关上，让自己不要去体会那些感觉，咬牙撑住，然后动脑去想怎么解决问题。

渐渐地，父母习惯了这样，就像面具融入血液里一样，忘记了自己本来的样子，以为这就是人生该有的样子。

父母把这些献给了最爱的孩子，却让孩子时刻感觉到"我的感觉不重要，学习成绩才最重要，我在妈妈心里不重要，我只要达不到她的目标，她就会用各种手段来伤害我"。

这就是为什么有时候我们努力，却并不一定有回报。如果父母不改变帮助孩子的方式，一味地用提醒、讲道理、鞭策、指责的方式，孩子只会觉得自己被伤害，无法与父母沟通，更无法得到父母的支持，那么父母所有的努力就等于零，甚至是负作用。

"走脑"是适应社会的过程，而"走心"是回归自我的过程。越能回归自我的人，越能通过自己体会到的生而为人的酸甜苦辣，去温暖和滋养身边的人。人被疗愈和滋养了，问题就自然而然地解决了。

你可以用大脑去生活，那是你这么多年不曾脱下的盔甲和不曾丢下的长矛。当这些使你疲累，感觉被耗尽的时候，你也可以试着脱下盔甲，放下长矛，跟着自己的心去起舞，去感受能让你快乐的场景，去放松自己的肌肉，呼吸新鲜的空气，感受阳光洒在身上的温暖。

当你的心愉悦了，它会自然引领你走向你需要的答案。你不必讶异内在的自己竟然早已储备好了能量，这些能量足以帮你应对任何问题，只要你相信，并且学着取悦你自己的内心。

亲爱的，试着放松

当你感觉有压力的时候，试着告诉自己：

- 那个正在承担压力的我,已经很棒了。

- 遇到压力和困难，依然在尝试的我，真的很了不起。

- 这样的我配得上一顿美美的晚餐，我可以躺平一会儿了。

松弛感，
是内卷的紧绷与躺平的摆烂的中间状态

🐾 松弛感是什么？

松弛感不是躺平、什么都不做，也不是放任一切、顺其自然、听天由命，更不是自我放弃，逃避问题，不再做任何努力。

松弛感是在一个人已经处于无效努力，陷入过度紧绷状态时，及时给自己按下暂停键，不浪费自己的时间和努力，不被外界推着走，不失去自我掌控感的过程。松弛感也是帮助一个人提升自我，重整状态，在浪涛中稳定船头，在夹缝中腾出手来，调整姿态，为了再次出发而积蓄能量的准备过程。

🐾 松弛感的三种境界

第一种境界：强迫式松弛

这种松弛感是表面努力想让自己放松下来，但是内心却一直在打架，各种声音在不断拉扯自己。

虽然自己已经感觉必须放松下来了，但是当内心强迫自己的时候，很多反对的声音同样会冒出来：你这样怎么行，别人会怎么想，万一出问题了怎么办……

这些声音会不断地跑出来提醒自己，让自己的身体肌肉始终处于紧张备战状态，不能真正松弛下来。

这种松弛感通常不能持续太久，短则几分钟，长则也就几小时，人很快就会回到原本的紧绷状态。

只有紧绷，自己才会觉得安全，不然就会像正在战斗的士兵，脱下盔甲、放下长矛沉沉睡去的时候，总害怕敌军偷袭，在自己最放松的时候，会出其不意发生很可怕的事。

这样的松弛感并不能起到滋养自己的作用，只能让自己暂时喘口气而已。

但哪怕只有这小小的喘息之机，对于每天忙得像陀螺一样的人来说，这已经弥足珍贵。

他们起码给自己撕开了一个口子，没有在繁杂的生活中把自己彻底遗忘。

第二种境界：沉浸式松弛

这种境界的松弛感相对第一种更浓烈一些，拥有这种松弛感的人可以为自己留出一定的时间去享受生活，让自己体验快乐和放松的感觉。

他们内在的恐惧感也会偏少一些，但依然存在，只是更多被切断与隔离掉了。

他们在逐渐松弛下来的过程中，内在的恐慌会始终存在，内心常常是空的。

物质的享受、身体的放松可以换来暂时的松弛感，但之后他们往往更空虚，回归正常状态之后更加紧迫。

这已经比第一种境界好得多了，但是由于内心空洞以及强行切断的方式，当外界的问题再次卷土重来的时候，他们必须重新面对所有的问题。

第三种境界：内在喜悦式松弛

这种境界是松弛感的最高境界，不是人为可以刻意控制的，而是从内心的充实和丰沛中流淌出来的。

他们不费吹灰之力就能应对所有问题，不管发生什么问题，内心都有充足的力量去踏实面对。

这是当内在充满喜悦时，内在自然呈现出的松弛感。

当你的每一个毛孔都在感知周围，每一寸肌肤都在放松和被滋养时，你的内心充满了对自己的喜欢和爱，满溢出来对周遭所有花花草草的慈悲。

这种状态往往来自一个人已经透彻了解了自己的过去，原谅了自己过去所做的一切好与不好的事情，接纳自己的同时，也接纳了身边的人。自然而然散发出的松弛感不是在某时某刻发生的，而是会变成一个人的长期状态，这种状态越稳定持久，越容易变成一个人的性格，直至塑造出这样的人。

我们大多数人面对工作时都会感受到辛苦和疲惫，但是对于一些人来说，工作反而是自己快乐和充实的源泉。是啊，当一个人的工作正是自己所热爱之事，那么他生命的每一天都不是在工作，而是在享受。这种状态就是内在喜悦式松弛。

这个境界的松弛感是可以给自己反向赋能的。松弛是为了更好地重新投入生活，这种状态也能让自己内心充满喜乐，更加有战斗力，眼睛更明亮，思维更清晰，意志更坚定，想法更明智。

就好像给一辆跑了很久的汽车灌满了油，下一次再开动的时候，这辆车一定动力十足。

多数人的松弛感停留在第一种境界，少部分人可以达到第二种境界，只有极个别的人才能达到第三种境界。

其中真正的根源在于我们内心底层的想法和念头：你脑海里冒出来的所有念头是统一的，还是分裂的？统一性越强，你就越容易达到第三种境界。

一个人内心充满着对自己的宠爱和接纳，就会带来最高级的松弛感。

🐾 如何达到最高级的松弛感？

两种经验会决定我们在面对外界时能不能让自己内心的松弛感更高：一种经验是我如何看待我自己；一种经验是我如何看待这个世界。

如果一个人看待自己的方式是"我很好""我值得被爱""我很有能力""我很重要""我喜欢这样的自己""我接纳自己的优点，也接纳自己的缺点，我爱的就是这样的我"，那么这样的人内在这种强大的自爱力量会让他做什么都有底气，他们已经有了50%的最高级的松弛感。

如果一个人看待世界的方式是"别人是可以相信的""别人是关心我和爱我的""别人是不会故意伤害我的""别人是可以信任和依靠的"，对外界有这样认知的人，内心往往安定、踏实，另外50%的松弛感也会随之而来。

内心松弛的程度，一半跟我们自己有关，一半跟我们所经历的关系有关。如果你曾经被虐待、被打击、被忽视、被暴力对待，那么强求自己达到很高级别的松弛感，反而会让自己更加紧绷，因为你不但忽略了自己的亲身经历，还不接纳自己。

第二种经验往往不能完全由我们自己决定，我们只能决定这50%中的一半。也就是说，别人怎么对待我们，一方面跟他们确实有关，我们年龄越小，别人的主导性越强，但是另一半——如何应对，却是我们可以主导的。

所有的关系中永远都有这两个层面：别人怎么对待我和我怎么应对这种对待。前者是别人的责任，后者是我们的责任。随着年龄越大，后者的影响越大。

当我们这样算的时候就会发现，其实松弛感的决定权只有25%在外界和他人身上，而另外75%则在我们身上，是我们自己可以决定的。

去关注和优化这75%，同时去看懂另外那25%，就可以不断升级松弛感的级别，对自己的人生越来越有掌控感。

至于如何去关注和优化这75%，接下来我会带着大家做练习和实操，以帮助你达到最优状态。

🐾 实操方法：当恐慌和焦虑来袭时，如何让自己放松？

如果你总是怕自己松弛下来会发生什么不好的事，那么有两种应对方法，马上就可以操作起来。

方法1

把这句话写在一张白纸上，贴在床头。每天早上睁开眼时、睡觉前分别默念20遍，这种方法是认知上的强干预，可以直接帮你的内在电台调频。这句话就是：

> 我喜欢现在的自己，我的优点、缺点都是我的特点，这些组成了最独特的我。我对这世界有特别的价值，没有任何人能够取代，因为没有任何人跟我一模一样。这个世界很安全，我也很安全，我可以享受当下，享受现在的每一分每一秒。

方法2

第一步：找个自己特别喜欢的小盒子，可以给这个盒子取个名字，比如"百宝盒"。

第二步：把你认为可能发生的所有不好的事情写在小纸条上。

第三步：把这些小纸条放进盒子里，每天给自己留出固定的时间，最好是在你感觉不能松弛下来的时间段，把这些小纸条从盒子里拿出来，专注地去想每个让你感觉可能会发生的不好的事。

第四步：拿出纸条想的时候，需要同时做一件事——用手机在旁边给自己设置一个5分钟的闹钟，想之前默念一句话："谢谢你提醒我这件可能发生的不好的事，我很重视你，今天这5分钟是专门留给你的。"

每天循环如此，用这种方式的好处在于设立边界，给你的担忧留出时间，也给你的松弛留出时间，让它们不再黏合在一起。你会发现，你的专注度和效率都提高了。

高效的松弛需要正确的方法，会松弛的人才能更好地投入生活，更好地给自己积蓄能量。

愿每一个人都能高效使用自己的力量，轻松快乐地生活。

亲爱的，试着放松

当你焦虑的时候，试着告诉自己：

- 谢谢你一直陪着我，提醒我未来的风险。

- 现在的我，已经足够有能力应对了，我可以放松一点。

- 我现在就可以花 5 分钟感受微风拂面，闻一闻花草的清香。

放过自己
比强迫自己更不容易

千万不要觉得放过自己是件容易的事，我们常常更容易也更习惯强迫自己。因为强迫自己代表自己还在努力，还有希望，还在够一够自己想要的那个"苹果"。

这个"苹果"可能是事业，也可能是一段感情或某场考试的结果。

有些人会强迫自己对别人好，争取别人对自己的认可，强迫自己去做很多自己内心并不想做的事，借此来换取一点点好评。

例如，妻子明明很累了，却还在忍着自己的疲惫做家务，希望能够让丈夫看到自己有多辛苦，进而换取对方的心疼和关心。一旦对方没有理解到这一点，没有看到自己的付出，她就很容易因为一点小事爆发。

她把所有因为自我强迫而累积起来的负面情绪一股脑爆发出来，劈头盖脸地冲丈夫发泄。而这个时候，丈夫常常是茫然的，觉得"这一点点小事，你至于吗？为什么要小题大做？"这样的反应又会刺激她的情绪进一步失控。

冲突发生得这么激烈，这个妻子如果不彻底耗尽自己最后一点能量，她是不会放过自己的。

🐾 为什么放过自己比强迫自己更不容易？

当我们强迫自己的时候，就像一个漂浮在海面上的人。我们以为自己快要被淹死了，所以努力地伸手够身边所有能抓住的东西。哪怕胳膊酸了，腿麻了，也不会放开任何一根救命稻草。因为强迫自己代表还有希望，代表起码自己还没有放弃。

所以会强迫自己的人，通常内心都隐藏着巨大的恐惧，身后是悬崖峭壁，而自己不得不奔跑，没有停下来的资格，更没有转身的空间。

跟直面恐惧比起来，继续做些什么，抓住一些看上去似是而非的救命稻草，反而是更容易的。

那些放过自己的人却相反，他们首先要面对的就是自己内心的恐惧感。因为放过自己代表转身回头，直面悬崖峭壁，直面内心最害怕的东西。

而这些最可怕的东西，往往只是内心的恐惧感，而不是客观事实。

但我们通常不擅长面对自己的恐惧感，总会有很多很多洞穴引导我们钻进去，来逃避面对，其中包括强迫自己继续努力。

人在内心充满恐惧的时候是干不好事情的。为什么呢？假如你的内心是一个水杯，恐惧感占据了水杯的60%，那么剩余40%的精力才是你用来做事情的能量。你的恐惧感越强烈，剩余的能量就越少。

结果是，你用仅剩的一点点能量去做事情，却用了大部分空间来背负恐惧感，事情做成的概率当然会小很多。

而下一次失败的经验又会再次累积强化你内心的恐惧感，让你的内心分出更多的空间来安放你的恐惧感，剩余储存能量的空间就会更少了。

事情失败的概率又会再一次提高，这就会形成一种恶性循环，不断累积的挫败感和恐惧感，再加上不断减少的能量，直到你内心所有的能量都被消耗光了，你才可能会走到放过自己的阶段。

🐾 放过自己是直面内心的转折点

一个人愿意放过自己，通常会成为人生的一个转折点。我们的人生会从此焕发新的生机，事情并不像我们想象的那么可怕。当所有的洞穴被拿掉，所有逃避的出口被堵上之后，我们躲无可躲、逃无可逃，终于可以直面自己内心的关键节点，这往往也是我们爆发巨大潜力，挖掘自己内在能量的时候。

很多时候，我们有很多方法是好事，也不是好事。之所以是好事，是因为这些方法会帮助我们维持暂时的平衡，让我们当下的生存体系不至于崩溃掉，我们可以继续按部就班地生活下去。

而之所以不是好事，是因为这种维持会让我们错过成长和激发潜能的机会，我们内在的潜力无法被逼出来。

所以，如果你遇到一些问题，你有方法可以解决，那很好。你可以继续这样生活下去，继续栖身于洞穴中。

但如果你遇到一些问题，感觉绝望透了，再也找不到任何一个洞穴来安放自己，那我要恭喜你，因为你即将迎来人生新的状态。

不必害怕，也不必恐惧，穿越最黑的云层，内心充满潜力和爆发力的你正在前方不远处。你会迎来一个内心更有力量的自己，这是每个人的成长必经之路，直面它就好。

我知道你会害怕，会恐惧，会想要逃跑，甚至觉得自己快要死了。这些感受都是正常的，因为这是历经成长和涅槃重生的人必须经受的考验。

只有经历这些，你才能切切实实地体验到什么叫作痛苦，什么叫作自己，什么叫作别人，什么叫作快乐，才能知道什么样的生活是你想要的。

人生只有快乐和一帆风顺的人，内心是很难有真正的成长的。我们必须要在挫败里摔打过，品尝过喜怒哀乐，到达过自己能力的边界，才知道这个世界上有很多东西是自己无能为力的，不能随心所欲的。

我们要知道我就是我，我只是我，我不是神，我也不能想要什么就能得到什么。我们还要知道什么是我的，什么是别人的，但并不因此陷入灰心丧气的绝望中。

这是一个人真正从内心开始从这个世界分化出来的标志，从跟别人的相处中分化出边界的标志，这时候一个人内心的成熟度才真正开始提升。

🐾 一个人内心成熟的四个阶段

第一个阶段是：我想要，我渴望，我以为我都可以得到。

第二个阶段是：我挫败了，我不明白为什么，我还在尝试各种努力。

第三个阶段是：我接受失败，我接受现实，我接受这个世界不会完全围绕我的心意转，但我内心能量很低。

第四个阶段是：我就是我，别人就是别人，我遵守这个世界的运行法则，我可以关照自己，也可以关照别人。

强迫自己的人通常活在第一、第二阶段，依然执着于"我能得到"，用旧的办法做出各种努力，而他们渴望的东西通常都是外在的，比如别人的认可、爱、重视、欣赏或在乎。

一旦内心追逐的东西需要从别人手里得到，他们的情感依赖程度就容易偏高。因为关注点都在别人身上，审判权也都在别人手里，这样的人成就再高，赚再多钱，内心也像被拴住的奴隶。

这是自我矮化的状态，因为他们人生的审判笔，被自己亲手交给了别人。

放过自己的人则是能够从第三阶段向第四阶段转化的人，放过自己的过程也是逐步过渡的过程。往往放过自己的人内心的基石是踏实的，不管外界怎么带偏自己，他们对自我价值都有确认感，内心坚定地相信：我爱我自己，我喜欢

这样的自己，这样的我值得被爱，足够有价值，足够重要。

这种沉甸甸的自我确认会让我们像大树一样，根可以牢牢地扎进泥土里，同时树干笔直地指向天空，而不是像藤蔓一样总是柔弱无力。

放过自己的人是有归属感的，他们容易迸发出自己的魅力和风格。这种状态容易带来松弛感，当我们不需要留出那么大的空间来安放恐惧感的时候，就可以留出更多的精力专注思考和应对现实中发生的问题。

这个时候，我们的大脑会更高效，做事更容易成功，自信心更强，自此进入良性循环。

学着放过自己，优化自己的内在空间，你是一切的根本。只要你的内心空间清理得干净整洁、力量统一，很多问题不需要你强迫自己努力，问题的解决方案自然而然地会来到你面前，你的内心早已具备了所有需要的资源。

你要找回自己，安顿好自己，学会放过自己，而不是把自己丢在一边，让恐惧来支配自己。

亲爱的，试着放松

  工作休息时刻，试着告诉自己：

- 🐾 今天的我，挺了不起的。

- 🐾 犯了错的我，受委屈了。

- 🐾 事情是做不完的，我要躺平一会儿了。

少点自我**否定**，
谨防能力的陷阱

🐾 相比被别人否定，自我否定更可怕

我最近遇到不少咨询案主，他们常常自我否定，每次还没开始做什么事情，就在心里不断地想：我不行，我可能做不到，我大概率是要失败的，我很笨，我不会说话，我不够聪明……

他们会在内心打压和否定自己，整个人都是畏缩和紧绷的，最后当然也很容易"心想事成"，因为他们陷入了一种闭环的思考过程中。

🐾 什么是自我否定式闭环思考呢？

1.自我认知

在认知层面上，他们会先进行自我否定——"我不行"，内心害怕尝试，遇事退缩不前，不敢大胆尝试或全力以赴。

2.外界反馈

自我否定的结果是事情很难做成功，得到的外界反馈大部分也是负面的，比如事情办砸了，自己被批评了，所带的下属因此质疑自己的能力了，等等。

3.强化自我认知

外界的反馈会强化自我认知："我果然不行，我真的很笨，我不是那块料，果然尝试新的东西太可怕了。"

在下次尝试之前，这种自我认知再次被启动，继续上面的循环。

这个循环最可怕的地方并不是每次都这样循环下来，而在于情况是在持续糟糕的。我们并不是停留在原地，而是如逆水行舟，不进则退。

什么叫作持续糟糕呢？比如，原本"我不行"的声音只有40分，内心的害怕只有40分；尝试的行动力还有60分，能力发挥的空间还有60分。经历一次失败的尝试之后，害怕可能会升级到50分，尝试的行动力和能力发挥的空间也会被挤压到50分。次数越多，害怕和"我不行"的声音越强烈，能力空间和行动力就更弱。

最后，人就像被吓破胆了一样，什么都不敢做，什么都不敢尝试，内心充斥的全是负面的声音。

就像能量黑洞一样，无论别人怎么鼓励，都很难把他们从这种恐惧和"我不行"的感觉中拉出来，人生自然就会持续走下坡路了。

🐾 容易陷入自我否定式闭环思考的人

为什么有的人会容易陷入自我否定的陷阱里呢？

通过追踪这类人的成长过程，我们往往会发现，在他们小时候，父母或其他养育者经常贬斥他们：你怎么这么笨，你怎么这都做不好，你怎么什么都不行！

这些话可能大人说起来是无意的，他们小时候也听过这样的话，也选择了默默地承受。但是这些话对一个孩子来讲，其实是一种微小精神创伤。

什么叫微小精神创伤呢？就像针扎一样，每一句话都会刺痛你，但是你如果反击，别人可能就会说："我是在开玩笑的，你怎么还当真了，你太经不起开玩笑了吧？"

你如果告诉别人"你这么说我不喜欢听"，对方也可能会觉得你小题大做："你本来就没做好，还不让说，你太玻璃心了吧，听不得批评。"

所以，说了感觉好像把事情闹大了，不说又感觉自己听了不舒服。次数多了，你就会感觉周围环境中的那些话总像绵绵细针一样，在随时等待扎伤你的自尊心和自信心，让你不敢自我欣赏，不敢自我表扬，内心总是要低着头暗暗地努力，期待通过自己的实力来获得认可。

更可怕的是，当你听了成千上万次之后，连你自己都相信那些评价是真的了。

现在仔细回想一下你的成长背景，看看这些否定自己的声音都是从哪里来的？从谁嘴里说出来的？他们都在说些什么？他们是否真的这样看待你？他们的看法一定是正确的吗？对你公平合理吗？

仔细思考这些问题，你就会发现其中的漏洞，也会发现你的人生竟然在被一些莫须有的话影响着，这些影响是因为一些人的无知和偏见带来的。

比如，我之前有个女案主，她一直坚定地相信自己不够漂亮，不够聪明，她感觉父母更喜欢妹妹。妹妹出生之后，她就被迫跟着姥姥姥爷生活了。所以她一直很羡慕妹妹，每次照镜子都会嫌弃自己一番。

长大后，她考上了教师，遇到了一个爱她的老公。她给父母买很多东西，照顾生病的父母，希望能够被父母认可，却始终感觉自己不够好，对没有被父母公平对待耿耿于怀。

直到有一天，她鼓起勇气问妈妈："为什么我一直看不到你和爸爸爱我，为什么你们只喜欢妹妹？"

妈妈听了非常惊讶，没想到她会这么想："我一直觉得很愧对你，我感觉自己不是个好妈妈，竟然不把亲生女儿养在自己身边。这种愧疚感让我每次看到你就很有压力，想靠近你却不知道如何靠近。你总表现得很懂事，没什么需要，什么都能自己搞定。"

她听完这些，忽然间就释怀了，这么多年一直纠结在意的心病彻底解开了。

还有很多人一辈子都没有机会去澄清和解开这样的心结，甚至哪怕解开了，自己也不敢相信那是真的。因为他们习惯了活在一个被否定的环境中，卑躬屈膝、小心翼翼、警惕地活着已经变成一种保护色，融入他们的血液里，跟身体长在了一起，要去掉谈何容易？

🐾 摆脱自我否定的两个方法

如果你也正陷入这种自我否定里，这两个实操的方法现在就可以尝试，简单又实用。

1.写觉察日记

现在就拿出你的手机，打开便签本，记录下第一行字：觉察日记。

觉察日记的写法很简单，每天记得去听一听你脑海里冒出来的念头是什么。

当你心里又开始浮现出"我不行，我很笨，我做不到"等类似声音的时候，马上打开便签本上的觉察日记，把这些声音记录下来。

记录下来之后，你可以告诉自己一句话："我知道这个声音又开始影响我了。"

这句话的作用是什么呢？它会帮你逐步把负面的声音从身上剥离出来。在心理学上，这个动作叫作"外化"。当然这个动作的要诀在于重复。多次刻意的重复练习是最简捷有效的方法，慢慢养成习惯，效果会自然呈现出来。

所以，不要着急。你从小到大在无形中不自觉地被否定了数千万次，以至于你根深蒂固地相信人为的世界给你定义的一切。

现在你正打开新世界的大门，你需要不断大量地重复，千万不要奢望一两次就能马上见到效果，那样你一定会有挫败感。

2.转化法

每次写完觉察日记之后，你可以尝试把日记里的话做个转化，转化的句式是这样的：

我在_____有不足（事件），我需要补充_____（行为），但我有_____（相关的优点）。

举个例子：我在人际交往上有不足，我需要补充关注别人的需要的行为，但是我很会表达自己，这也是我的优点。

"我不行"就是以偏概全地全盘否定自己，会使我们越来越没自信。这里的转化是把"我"和"我的行为"切分开：我不擅长某些事情，不代表我整个人都不行，我可以补充我不擅长的东西，但是我也有优点。公平合理地评价自己，既有成长空间也有自我肯定，这同样需要大量刻意的重复练习。

珍惜你的每一点能量，不要轻易让自己陷入挫败中，也不要放任自己陷入自我否定的内耗中。电脑需要及时清理和升级，运行速度才更快，何况人呢？

原生家庭可以影响你，但不可以决定你的人生。30岁之前，你可以说，父母曾经说了什么、做了什么，导致你如何陷入困境。30岁之后就要看，当遇到困难的时候，你是如何调整和改善自己的，因为有很多方法和资源可以帮你。

只要你自己的心是打开的，内心种下成长的种子，你就会从每一句话、每一个字里汲取能量，改变你的人生。

很多人都做到了，你也可以。

亲爱的，试着放松

 当你又想否定自己时，试着告诉自己：

🐾 那些否定的声音只是过去的习惯，不代表真正的我。

🐾 我一直都挺好的，我有很多优点。

🐾 看，能做这个练习，我就在进步了，我很爱我自己。

第 2 章

内心拥有力量的人，活得有多松弛

有松弛感和无松弛感的区别，关键在于内在力量的不同。而一个人的松弛力，取决于成长的情绪环境。在不健康的情绪环境下长大的人常常有七个缺乏内在力量的表现：习惯指责别人，强势，不敢哭、不敢示弱、不敢表达需要，讨好别人，习惯回避，委曲求全，一有风吹草动就好不淡定。

　　在这一章，我们探讨一下这些内在力量缺乏的表现以及成因，陪松弛感欠缺的你找到根源。

一个人的松弛力，取决于成长的情绪环境

一个内心总是充满快乐的人，内心的松弛力常常高于一个内心总是充满愤怒、不满或紧张、恐惧的人。我们的松弛力基本取决于成长的情绪环境。

🐾 一个人成长的情绪环境是怎么形成的？

我们成长的情绪环境有两大来源：重要他人的影响和内在小孩的力量感。

1.重要他人的影响

我经常听到很多案主说："我妈妈是个焦虑的人，内心总是充满了恐慌，每天都着急忙慌地做很多事情。每次看到她

这样，我都会容易被她影响，时间久了我也变得焦虑，不敢放松下来休息，总觉得有很多事要做，不然天就会塌下来。我不喜欢这样，可是竟然也不自觉地变成了这样。"

人的内心就像一个放置情绪的容器，你的容器是碗、是盆，还是大水缸，别人都很容易感知到。而决定这个容器大小的东西，在心理学上叫作**情绪容纳之窗**。

情绪容纳之窗的大小决定了你能承受多少情绪，它就像家里的电路，如果电流超负荷运转了，电路就会自动跳闸。

情绪也一样，如果我们承受了超出自身承受极限的情绪，就会陷入情绪失控的状态。这时候，我们的理智脑通常也是不工作的，因为理智脑是与情绪脑连接的。

所以经常会有人说："我生气的时候，大脑一片空白，只想一股脑把所有的情绪都发泄出去，但是说完后常常又会后悔。"

2.内在小孩的力量感

内在小孩的力量感通常跟四个维度有关：我是否有能

力、我是否有价值、我是否重要、我是否被爱。

一个人在这四个维度上的确认度越高，内心的力量感就越强，情绪环境就越积极。

很多成年人在当了父母之后，也经常处于情绪失控的状态，理智脑不工作，只凭着本能做事。在这样的家庭中长大的孩子，他们的情绪不仅不能被父母疏导和承接，他们甚至还要承担父母的情绪压力。他们从小就在同步体验父母淹没性的情绪体验，时间久了就容易产生两种状态：

第一种，孩子觉得不舒服，想要隔绝这种情绪体验，开始反抗和设立跟父母之间的边界，比如容易变得不耐烦，过度叛逆，很怕别人控制自己，容易只考虑自己。

第二种，孩子习得了父母的情绪体验，焦虑的父母养出焦虑的孩子，孩子用相似的方式处理自己的情绪，比如抱怨、发泄、指责、攻击，很容易情绪失控。

这些都是情绪容纳之窗没有在成长过程中得到拓展，反而从小被固化下来，后天没有得到比较健康的心理成长所带来的问题。

🐾 怎么拓展情绪容纳之窗？

在家族的代际遗传中，最容易遗传的就是情绪处理机制。如果一个家族中没有一个情绪容纳之窗比较大的人，就等于没有人真正有能力承接住其他人的情绪，每个人的内心都是不稳定的。

在发生一些事情的时候，每个人的情绪都是饱和的，都想要让其他人来托住自己，承接自己的情绪。但是每个人都没办法承接更多别人的情绪，最终结果就变成互相攻击、互相伤害，关系里的每个人都伤痕累累。

所以，如果你想做一个情绪稳定的人，从现在开始，改变你们的家庭系统，拓展情绪容纳之窗非常重要。而这不是一项认知功能，也就是说这不是一项你可以靠看书、学习、听课就能获得的能力。

这是一项只能通过体验获得的能力，需要你在跟人互动的过程中体验到被理解、被接纳、被懂得、被支持、被托举，你才能慢慢真正做到。

🐾 为什么内在小孩没有得到心理滋养？

随着年龄的增长，我们的身体会长大，知识结构会不断累积，但是我们的内在小孩有得到足够的滋养，支撑自己一点点长大，变强壮吗？

什么是心理滋养？被理解、被重视、被关心、被保护、被欣赏、被接纳、被允许、被喜欢，等等，这些都是让我们的内在小孩长大的心理营养。

现在想一想，这些东西你从小到大得到过多少？你会给自己多少？你又会给你的孩子、你的伴侣多少？

很多人从小到大都没有得到心理营养，成年后一直用付出的方式换取伴侣的滋养，可是伴侣给不了自己，自己也一直忽略自己。

孩子在这样的家庭中长大，也从来得不到这些。长大后每天活在惊慌失措中，越努力越糟糕，因为方向错了。

你的内在脚本是怎样让你困在其中的？

没有得到过足够心理滋养的人，慢慢就会在心理形成一个无形的结，心理学上称为自我概念，也就是"我是_____"。

比如有的人形成的自我概念是：我是不够重要的、我是不够好的、我是不够有能力的、我是不值得被爱的，等等。

自我概念基本上决定了你的人生一大半的经历，这就是你给自己写下的脚本。 如果你不去改变这个脚本，就会像在迷宫里打转一样，一直被困在其中。

例如，一个女孩子出生在重男轻女的家庭中，从小就感觉自己不被重视，总是要特别努力地付出，才会偶尔被父母看见。慢慢地，她自己也认定了"果然我是个不够重要的人"。

她长大之后，遇到一个特别喜欢她的男孩子，她内心会被这个自我概念冲击：一方面她特别渴望这种喜欢是真的，另一方面又特别害怕这只是一种短期的感觉，不会持久。

他们在一起之后，她会不断向对方验证"你是不是真的喜欢我"，比如故意闹小脾气看看对方会不会哄自己，或者在一群人都很开心的时候，故意跑开看看对方是不是会追来关心自己。

如果对方每一次都按照她的预期做了，她当时会开心，但内心还是会想要一再试探。一旦对方没有按照自己预期的反应表现，她就会陷入原本的感觉中："果然我是不够重要的，果然没有人会真心喜欢我。"

她看不到自己是如何把事情一步步推向糟糕的境地，也看不到对方的感觉和需要，她只能看到自己害怕什么，以及所谓的"自证预言"——事情果然是糟糕的，他果然不喜欢我。

这就是我们给自己写下的剧本，然后一再推动剧情往我们以为的方向发展。如果我们看不到这个脚本，就会一直活在自以为的世界里，还自我安慰说"这就是我的命"。

只有形成正面积极的自我概念，我们才能拥有一台制造快乐的泡泡机，整个人就会像个小太阳。你自己的生活轻松愉快，身边的人也愿意靠近你。所以，发现自我概念，并且升级它，是我们每个成年人最重要的成长。

一个人真正的松弛感的根源往往是情绪容纳之窗的扩大和内在小孩力量的提升。内核变了，松弛感自然而然就呈现出来了。

越勇于探索、突破和升级自己的人，越有机会过一个不需要努力就能迸发潜力的人生，用松弛感达到最高的效率，活出最精彩的自己。

亲爱的，试着放松

当你感觉紧张时，试着告诉自己：

- 我接受我的紧张，我允许任何情绪在我身体里流动。

- 我接纳在我身上发生的一切，就像水从河里流过。

- 一切都是自然发生的，我是大自然的一部分。

习惯**指责**别人，
是因为对自我不够接纳

🐾 习惯指责的人，内心都是纸老虎

习惯指责的人，往往在其表面强悍的外壳下，隐藏着一颗脆弱且容易受伤的心。每当他们要调动自己的每一个神经细胞去体会强烈的愤怒感，吓退别人的时候，常常都是他们感觉受伤、被忽略、不被在乎的时候。

他们没有别的方法，只会使用指责这一种最习惯的方法。但结果常常是糟糕的，这让身边的人越来越压抑，越来越紧张，甚至感觉这个人像个不定时炸弹一样，动不动就爆炸了。

他们情绪失控时说出来的那些话，句句直戳对方心窝最痛的地方。对方只能远离他们，才能安全一些。

这就是习惯指责的人的悲剧：付出最多，爱得最深，调用最猛烈的情绪，换来的是对身边人的伤害和疏远。

习惯指责的人，内心通常承担不起本该属于自己的责任，因为他们的内心太脆弱了。他们觉得自己不够好，害怕不被别人喜欢、接纳和重视，犯错也不会被原谅。每次遇到问题，把所有责任甩出去，指责别人就成为自我保护的首要法则。

🐾 习惯指责的人希望被重视

外表看上去强势、控制欲强，动不动就指责别人的人，他们内心的想法是这样的：我这么为你着想、为你好，为什么你不领情，却总觉得我在指责你。可是这就是我的表达方式，如果你真心爱我，为什么看不到我为你付出的真心呢？为什么你不能再努力一点，多做出一些改变，达到我的要求呢？你总觉得是我在推卸责任，可是明明是你不够努力，你才是有问题的那个人！

他们并不会意识到自己才是习惯指责别人的人。他们的逻辑是别人不够努力，做得不够好，付出的不够多，自己才是那个付出最多，努力最多，一直不肯放弃的人。

"只有我一个人努力，我好累，我感觉自己要坚持不下去了，而你还没有清醒过来，没有意识到问题的严重性。我必须提醒你，让你跟我一样努力，而唯一的方法就是不断地指责你、鞭策你、提醒你。希望你能够因为觉得够痛了而不再逃避问题，真正在乎我和重视我，看见我的付出和辛苦，能够心疼我和爱我。"这才是他们内心的真实感受。

习惯指责的人并不能意识到自己的方法有问题，他们会弱化这些问题，而把关注点更多放在对方做了什么上。他们也容易忽略对方的状态和背景基础，做极端化的归因。比如：如果你爱我，就应该懂我；如果你爱我，就应该哄我。

他们其实一直在寻找一个不顾一切爱自己的人，可以克服一切障碍跟自己来一场旷世绝恋。他们渴望通过这样的关系，来感觉自己是值得被爱的，是会被他人重视的。

在习惯指责的人内心里，往往有个自成系统的运转模式。如果他们不能及时觉察并改变这个模式，问题就会持续

发生。我整理了这个模式的具体运作过程，看清每个细节点，

就能找到打破的切入口，运作模式图如下：

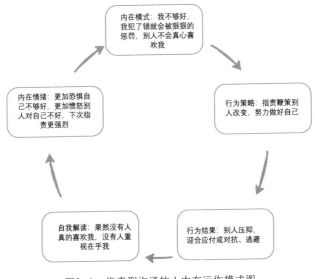

图2-1 指责型沟通的人内在运作模式图

🐾 习惯指责的人渴望的是亲子关系，而非恋爱关系

习惯指责的人所渴望的并不是恋爱关系，而是亲子关系。

这样的感情也是向内塌陷的，而不是向外分享的饱满的爱。

健康的恋爱关系是两个内心饱满的人，互相尊重，彼此理解，

在既有边界又有融合的状态下建立起来的一种舒服的关系。

习惯指责的人，其实在按照内心完美父母的标准来要求

和改造伴侣。他们看不见对方，也理解不了对方，他们的努力

是真的，渴望是真的，受伤和付出也是真的，可是唯独跟别人的内心隔了一层。他们活在自己的世界中，看不到别人的喜怒哀乐，却会被对方做的微不足道的小事刺激到体无完肤。

婚姻是一个人的事，关系也是一个人的事。你有一颗什么样的内心，就有什么样的剧本——看到什么样的人，遇到什么样的关系，引来什么样的遭遇。

如果你经常会问自己：他为何不能改变？就说明你的视角已经狭窄和偏颇，就像你躲在温暖的房子里喝着热茶，盖着毯子，开着暖气，看到外面狂风暴雨下行走的人，被冻得哆哆嗦嗦，内心好奇：他为什么不盖上毯子，为什么不赶快跑回家？却看不到那个人已经受伤的腿和干瘪的钱包。

外在的东西容易被看见，内心的东西却容易被隐藏。学会带着好奇而平和的心态和情绪发问，真心想了解对方到底发生了什么，对方才会打开自己的心。只有在真实的世界相遇，你们才会更加懂得和了解彼此，得到想要的珍贵的爱。

🐾 习惯指责的人，如何打破闭环思考？

当一个人内心总觉得别人不喜欢自己的时候，往往有个前提——自己也并不喜欢、不重视、不在乎自己，不接纳自己的缺点。这些自我否定就像伤口一样持续存在，别人碰一下，他们就会很痛，很敏感。

从外在行为和认知上来讲，习惯指责的人如果想跳出内心闭环的规律，可以尝试问自己三个问题：

1. 当我_____（做什么或者说什么）时，我想要_____，我想得到_____。

2. 当我_____（怎么做）时，会让对方有_____（紧张、压力、害怕、轻松、愉悦等情绪类词汇）感觉？

3. 当我_____（怎么做）时，对方可能会认为_____（我看不起他，我不尊重他，我不爱他，我不重视他，我需要他，我受伤了）。

问完自己这三个问题之后，如果你的做法并不能使你得到想要的结果，那么先让自己停下来，不再制造新的问题，后面我会再教大家该怎么做。

亲爱的，试着放松

 当你感觉被指责时，试着告诉自己：

- 被指责不代表我不够好，是对方不会表达自己的需要。

- 我依然喜欢我自己，我可以放轻松一点。

- 我接纳我的一切，我所有的优点和缺点都是我的独特之处。

强势的深层心理原因

很多外表强势、控制欲强的人，内心往往是充满焦虑和恐慌的。正是因为无法自控，他们才会一直试图通过控制外界的人和事，来避免自己内心糟糕的情绪被勾出来。如果不处理内在的焦虑和恐慌，只依靠强势控制外界，一个人就像内心有个无底洞，永远都填不满。

焦虑和恐慌是怎么来的？

我有个50多岁的女案主，她是家里的老大，从小被父母寄予期待，要给弟弟妹妹做个好榜样。她努力做好家务，替父母分忧，压抑自己的需求，不给父母添麻烦。

但父母的反应好像让她陷入一个死胡同里：如果得到表

扬，她会觉得父母并不是对她满意，因为父母根本没看到真实的她，只是她努力演出来的好姐姐的样子。如果没有得到表扬，她就会觉得自己果然做得还不够好。

无论结局是什么，她内心都会有一种深深的自我怀疑：我到底够好吗？我值得被爱吗？那个深藏在内心的真实自己就像压在箱底的衣服，很少有见天日的时候，所以她内心已经暗暗确定自己不够好，从来不敢做真正的自己。

在成长过程中，他们只有在达到某种要求，满足某些条件时才会被喜欢，才能证明自己是有价值的，心理学称之为"价值条件化"。

例如：你只有能解决问题，才是有用的；你只有懂事孝顺，才是个好孩子；你只有长得漂亮，才会被人喜欢；你只有学会察言观色，才能立足；你只有赚很多钱、学习好，才能被爱，等等。

这些都过度强调人的功利化价值，而忽略了人本身的价值。当这种观念刻进一个人的内心时，就相当于种下了一颗恐惧的种子。一旦达不到这些要求，整个人就像跌入了地狱，担心被踩在脚下，被人抛弃。这种恐惧的感觉就会紧紧跟在一个人身后，让人如履薄冰，内心充满恐慌和焦虑。

🐾 被价值条件化养育的人

假如把一个人比喻成一棵大树，价值条件化会让这棵树的根部腐烂，树叶枯黄，结出来的果也是控制和强势。内核的空虚带来的是外在的控制和紧缩。

与此相反，价值条件化的反面则是全然的接纳和爱。不管你是谁，能做什么，有没有本事，你都值得被爱。你是独一无二的，是没人可以替代的。人们对你充满了好奇和欣赏，愿意陪伴你去一点点探索，让你用最真实的样子，过你喜欢的生活。

内心越是能量充沛的父母，越能够给予孩子全然的爱和接纳。这样的孩子内心充满了力量感和爆发力，是对自己的信任和珍视，是强大的抗挫能力。

他们成年后积极乐观，跟别人相处融洽，做事情更容易有弹性和协商的空间，愿意听取别人的意见，不会担心伤到自己的自尊心。

如果你现在已经为人父母，希望你看了这节内容可以好好想想，自己正在给孩子提供什么样的爱？是价值条件化的，还是全然的接纳和爱？孩子的反馈与你所认为的一致吗？

🐾 跳出价值条件化，摆脱内心的焦虑和恐慌

如果你已经长大，曾经是被价值条件化的方式养育的，内心已经根深蒂固地相信：

我只有＿＿＿＿＿＿（任何一件你认为自己必须要做到的事），才会被＿＿＿＿＿＿（任何一个你内心渴望的需要，比如被爱、被在乎、被重视等）。

当你发现这一点的时候，恭喜你，你已经在跳出来的路上了。接下来给你两个实操方法，每周坚持30分钟，跟着做3周就会看到效果。

1.重新认知身上的"缺点"

比如，你觉得自己强势，控制欲强，你并不喜欢这样的自己，可是你根本改不掉，因为这个"缺点"已经从小到大跟着你几十年，融入你的血液里了。现在说这是不好的东西，要切掉它，简直是在挖你的心肝肺，基本是不可能是做到的事。

重新认知就是要知道，<u>这并非你的缺点，而是在不良的环境下你必须要做的选择，唯一能让你好好活下来的选择。</u>

仙人掌生活在沙漠中，叶子是尖尖的针状，这样可以减少水分流失。可是如果有一天，仙人掌被移植到热带雨林，周围都是阔叶植物，嘲笑它的叶子扎人太疼了，仙人掌需要为此而自卑，觉得这是自己的缺点吗？不，它需要先学会感谢自己曾经拥有这种特质，帮助自己好好活了下来，而不是嫌弃和厌弃这一点。

所以，你需要做的第一件事就是马上找一张白纸，给自己列一张"缺点清单"，然后把每一个"缺点"仔细拿出来，并揣摩这样三个问题：

- 它帮我做到了什么？

- 它帮我避免了什么问题？

- 它让我付出了什么代价？

你身上的"缺点"并不是缺点，而是曾经在某时某刻保护过你的特质。学会把玩这些特质，就像在把玩一个物件，从各个角度去端详和审视。就像要刨出一棵大树一样，你需要从树根的四面八方去松土。把玩得越透彻，你跟这种特质的粘连度越小，就越能把这种特质从你身上剥离开。

2.识别它，感谢它

凡是排斥的、对抗的，最终都会被保留下来；凡是被接纳、被允许的，都会像河流一样流动起来，有来有走。如果你身上有某些特质是你不喜欢的，那么这些特质一定会持续跟着你，因为你缺少对它起码的尊重和允许。

把自己当成一个容器，允许所有事情发生，允许所有的情绪和特质产生。你可以具备任何特质，但你又不是只有一种特质，因为没有任何一种特质足以涵盖你整个人生。你是大海，无边无际，任何一艘船都不能阻挡你的波澜壮阔。

对于你所有的经历和被价值条件化所套上的绳索，学会去识别，去感谢，这就是让流动发生的过程，让接纳发生的过程。怎么识别和感谢呢？我这里给你分别准备了两句话：

"我看到＿＿＿＿＿＿（比如：强势、控制欲强）的我又来帮我了，我接收到这股力量了。感谢你一直保护我，帮助我，我很爱你，我会和你在一起。"

"现在我长大了，我可以保护自己，帮助自己，我想试试做＿＿＿＿＿＿（补充行为），给我个机会，让我用新的方式尝试一下。"

这里的补充行为通常是明确、具体的，且跟特质相反的行为，比如强势、控制欲强的反面是征求他人意见；懂事的反面是学会爱自己、关心自己；自私的反面是学会关心别人的需要，等等。

内心成熟的人做事情留有余地，不被某些标签束缚自己，也不因为某些标签而轻视自己。公平合理地评价自己，知道自己从哪里来，要到哪里去，这本身就是内心清醒豁达的人才能做到的。

而今天的你，正在让自己的内心变得越来越豁达的路上。人贵在愿意自我救赎，从现在开始改变，一切都不晚。你的内心是充满全然的接纳和爱，还是充满恐慌和焦虑，由你来做主。

亲爱的，试着放松

当你感觉到自己又想强势时，试着告诉自己：

🐾 我感觉到了我的力量，我喜欢我身上汹涌的能量。

🐾 这是我的生命力，我享受这种能量，并允许它在我身上流动。

🐾 我珍惜这种能量，我要好好使用它。

不敢哭、不敢示弱、不敢**表达**需要的你，掩藏了多少愤怒

🐾 人在成长过程中所需要的两条腿

每个人在成长过程中都需要学会用两条腿走路，这两条腿分别是满足自己的需要和满足别人的需要，两者缺一不可。

只会满足自己需要的人，往往会让别人觉得太自私；而只满足别人需要的人，往往会累积越来越多的委屈，最终反弹爆发。

在这两者之间找到一个平衡点，才是真正的高情商，也是真正的心智成熟，但这个平衡点并不好拿捏。

大多数人的问题是不能满足自己的需要。我们一直被教育要大公无私，做个好人，只有那些看上去无欲无求，热心助人，不拒绝别人的人才是好人，才会被歌颂。

所以我们从小并没有学会设立边界，不会拒绝。很多人表面看上去大度，其实内心却是个不敢哭、不敢示弱、不敢表达需要的人，内心掩藏的愤怒早就像火山堆积一样，迟早有一天要爆发。

🐾 觉得自己不够重要，才是一切的根源

这样的人内心一直觉得自己不够重要，所以无论发生什么事，他们总是把自己排在最后。在跟别人的利益相冲的时候，妥协退让的总是自己。脆弱的时候，他们也不敢让别人知道，因为不敢相信别人会重视自己的困难，愿意关心和帮助自己。这种底层的不信任和恐惧感通常源于他们的成长经验。

我有个案主，她每次跟朋友在一起时，总是像妈妈一样照顾好每个人。可是她在闹离婚的时候，甚至没有约任何一个朋友出来陪自己。她会找很多理由：人家都有自己的家庭，

没那么多时间管我这些事，或者说了大家也帮不上忙，别给人家添麻烦了，等等。但其实最根本的原因，是她不相信大家愿意关心她、重视她。

这是一个很残忍的现实，不会表达需要、不敢示弱的人从小就没有被好好爱过，难得求助一次，换来的也只是忽视和打击。为了不再一次次承受这样的结果，他们渐渐不再露出伤口，不再给别人机会靠近自己，让自己穿上盔甲，拿起长矛，指向别人。

他们对别人的照顾是盔甲，大度是盔甲，关心和示好是盔甲，委曲求全也是盔甲，忍气吞声更是盔甲。所以你可能并不曾见过他们真正的样子，甚至他们都已经不知道真正的自己是怎样的。**他们把自己给弄丢了，面对世人的不过是那个跟盔甲融为一体的自己。**

如果你也是这样的人，你最需要做的并不是让别人如何对待自己，而是学会重视自己。

过去的痕迹往往先在我们内心留下印记，然后才会影响周围的人对待我们的态度。你把自己定位成什么，你便会吸引什么。

如果你觉得自己的内心是个垃圾场，便只会吸收别人给你的负面的东西。但是如果你把自己定位成精品店，你便会对自己和他人有同等的要求。

所以，一切的改变先从你自身开始，不然任何人都帮不了你。

如何才能学会重视自己？

对于长期被忽略、觉得自己不够重要的人来说，学会重视自己并不是一件容易的事。有些动作一旦成为自动化习惯，人就会不自觉做出反应，而无数个自动化的动作共同决定了一个人的命运。

真正强大的人要学会拿着放大镜审视自己的每个起心动念之处，从每个自动化的动作中跳出来，并练习新的自动化动作，这样改变就会发生。学会重视自己，则是其中的一种状态。

因为太久都不曾问过自己：到底什么才是我想要的，什么才是我喜欢的，他们的思维能力慢慢退化，对自我的认知不清晰，哪怕机会到了也抓不住。所以要打破这种习惯性，需要多给自己一点耐心和时间，时常加以训练。

第一，情绪敏感度训练

情绪肌肉就像我们身体的肌肉一样，是需要经常做拉伸练习的。我们要关注自己的情绪是开心还是不开心，是紧绷还是低落，是挫败还是无奈。不同的情绪背后有不同的原因，了解自己的情绪及背后的原因，是最基本的情绪敏感度训练。

大家可以尝试每天写情绪日记，每天花10分钟的时间记录下情绪变化。坚持3周，你就会发现对情绪的感知度明显提高了，情绪调节的能力提升了。

情绪日记的写法，我给大家列了个表格，可以作为参考：

日期	情绪	产生情绪的原因	身体反应	调节情绪的方法
	生气	自己被忽视了，别人永远看不到我	双手紧握、肩膀发硬、腿部肌肉紧绷	告诉自己不要生气，向别人说出自己的感受

第二，需要敏感度训练

当一个人的需要常常被压抑、被忽略，时间久了，内心就容易产生愤怒和不满的情绪，而最大的愤怒其实是朝向自己的。

他们气自己无能，不能保护和照顾好自己。这种自我攻击就是抑郁的前兆，而学会关注自己的需要，就是打破的第一步。先看到自己的需要，再去了解为什么自己会有这种需要，以及怎样为自己争取。这是要一步步来的。

我们要生出一双觉察的眼睛，增加看待事物的角度，能够及时满足的马上就去做，不能满足的就切分成小目标，一点点去完成。这样我们慢慢就懂得怎样照顾好自己，怎样让自己开始一段不委屈的人生。

千万不要以牺牲和压抑自己的方式来面对这个世界，不然你内心隐藏的愤怒早晚会出卖你。

你的每一种情绪都有价值，每个念头都有意义，学会聆听内心的感觉和需要。听懂了自己，满足了自己，你才有能力跟这个世界和谐相处。

亲爱的，试着放松

  当你感觉到委屈时，试着告诉自己：

- 如果我想哭，我就可以哭，我有哭的权利，我也有伤心的本领。

- 这个空间很安全，我可以尽情地允许我的情绪出来。

- 不管是什么样的情绪，我都可以接纳。

- 我有能力让自己慢慢恢复平静和放松的状态，我喜欢这样的自己。

你讨好了全世界，却让自己崩了盘

讨好了全世界却让自己崩盘的人不在少数。我们都希望被别人认可，可以满足别人的期待，成为一个受欢迎的人。这是每个初来这个世界的人都会渴望的东西，但如果你一味追求外在的认可，甚至被束缚和捆绑住，那么最终只会让自己崩盘。

内在成熟三阶段：蛋壳期、叛逆期和成熟期

第一阶段：蛋壳期

心智处于蛋壳期的人就像小孩子一样，听话顺从，渴望被认可，所以会以别人的喜好来评价和决定自己的做法。他们想要讨好这个世界，会不断地退让和放弃自己想要的东西。

处于蛋壳期有好处也有坏处，好处是不用承担责任和压力，也不用冒风险，只要走前人的路，听前人的话，就可以获得认可，容易在人群中被关心、被照顾。

但坏处是，他们一直在忽略和压抑内心的声音，内心充满恐惧，畏首畏尾，犹豫不决。一边压抑、妥协、退让，一边又会说服自己安心做屋檐下的麻雀，而不去尝试是否可以做展翅高飞的雄鹰。

第二阶段：叛逆期

处于叛逆期的人则不同，他们开始有自己的想法和喜好，会倾听自己内心的声音，愿意探索什么是自己真正喜欢的。哪怕顶着重重压力，做出错误的选择，他们也会听从自己的内心。

但有时候，他们也会为了叛逆而叛逆，你让我往西，我偏要往东，容易为了证明自己反而被别人反向引导，最终做出错误的选择，却并没有足够的实力来为此买单。

每个人在成长过程中，通常都有两大叛逆期。第一个叛逆期是3岁左右，第二个叛逆期是青春期。

3岁左右的孩子开始喜欢说"不"，这是孩子自我意识萌芽的标志。而青春期的孩子有着更加强烈的自我意识，他们要按照自己的心意而活。

孩子的两大叛逆期对父母来说是巨大的挑战，因为这意味着孩子从心理上离父母越来越远，界限越来越清晰，逐渐形成新的自我想法和领地。

父母需要有足够强大的内心，才能允许孩子将自己推远，允许孩子按照自己的心意而活。这样孩子就不必害怕父母会不会崩溃，不用因为内疚而放弃自我意识的觉醒，压抑自己，让自己重新退回到蛋壳期。

第三阶段：成熟期

处于成熟期的人既懂得照顾好自己的需要，不压抑委屈自己，又懂得关照别人的感受和需要。

著名自体心理学家海因茨·科胡特（Heinz Kohut）有一句名言："不含敌意的坚决，不带诱惑的深情。"这就是处于成熟期的人所能达到的状态。怎么理解这句话呢？

"不含敌意的坚决"指的是，当我拒绝你的时候，我没有愤怒，也没有内疚。

例如，孩子想要自己选择结婚对象，但是父母不同意，成熟的孩子不会对父母产生愤怒，因为那是父母本来的样子，允许父母做自己，同时又可以坚守自己的底线，为自己的选择负责，因为他清楚这是属于自己的权利。

拒绝父母不代表否定父母，遵从自己的内心，做自己想做的事，而不会产生内疚感，这是一个人心理成熟度的重要指标。

"不带诱惑的深情"指的是，我对你的好和付出背后没有潜在的不合理需求和索取。

例如，父母把孩子照顾得面面俱到，但是他们的这种深情背后带有诱惑，常见的是期望孩子不要长大，离不开自己，这样就能持续感觉自己是有价值的、被需要的。这种诱惑将会让孩子在未来的人生中付出惨痛的代价，而不带诱惑的深情恰恰摒弃了这一点。

成熟的深情是设身处地地为对方着想，付出的同时自己内心也充满满足感和幸福感。只有内心不匮乏的人，才能在付出的时候不会有所要求。

🐾 人格不独立的父母，难以养育出边界清晰的孩子

只有内心足够强大的父母，才能承受住孩子从蛋壳期往叛逆期的蜕变。只有内心足够聪慧的父母，才能巧妙地平衡孩子和自己的需要，一边从孩子的世界里退场，一边安抚和调节自己，给予孩子恰到好处的理解和支持。人格不独立的父母很难养育出独立的孩子，更难以顺利陪伴孩子从蛋壳期跨过叛逆期，他们很容易掉进因价值匮乏而产生的内心恐惧中。

很多人到了四五十岁才开始叛逆，要为自己而活，要离婚，这种叛逆期的滞后以及自我意识的觉醒迟到了起码30年。

无法跨过叛逆期的人，只能永远停留在蛋壳期，难以真正走向成熟期。

他们表现出的成熟和担当，往往只是表面现象，内心其

实是空虚的，只是在讨好别人，而不是因为自爱而自然流淌出来的对世界的爱。

只有真正经历过叛逆期的人，才能迎来成熟期。成熟的人最大的特点就是：既懂得怎样照顾好自己，又懂得怎样照顾好别人。他们既不会委曲求全，又不会对别人唇枪舌剑，完全接纳自己，理解自己，带着慈悲和善意关注身边的每一个人。

这个过程中最难的地方来自边界的清晰。处于蛋壳期的人跟这个世界是融为一体的，他们没有自我，认为我的就是你们的，我的未来由你们决定，一直像个小婴儿一样，把身边的人都当成自己的妈妈或主宰者。

而叛逆期则是把自己从这个世界中剥离出来的过程：我要做自己，我的人生要画出怎样的风景，由我自己决定，我不听从任何人。

因为过于强调自我，他们常常会刻意地保持边界，攻击甚至伤害身边的人，但也处于试探和摸索的阶段，所以内心是迷茫的，不确定的。

他们其实没有表现出来的那么强，只是害怕当显露出迷茫的时候，身边的人会又一次趁其不备侵犯自己的边界。

如果你也有个处于叛逆期的孩子，对待他最重要的三件事就是：理解他到底怎么了、允许他探索、成全他要做自己的渴望。

🐾 恭喜你，马上要开启人生新旅程

来找我咨询的案主，无论是自己还是身边的人正处于叛逆期，我常常会跟他们说："恭喜你，你马上就要开始一段新的旅程了，你会诞生出新的自己，你也会找到新的自己，活成新的自己，现在所体验到的一切都是这个历程的插曲而已，都会过去的。"

一旦他们知道自己即将面临什么，往往会更加勇敢地面对接下来的挑战，也更敢于跟着自己的心走，更加有力量穿过这些暂时的困难。

这些话，我同样送给正在看到这些文字的你。你曾经讨好全世界，那是你曾经赖以生存的法则。不必贬低或者否定曾经的自己，因为那至少证明你曾经努力过、付出过，你不需要对任何人内疚或者觉得亏欠了别人。

你需要从现在开始讨好自己，留意自己内心的变化，给自己空间去尝试不同的体验。

不必把自己拘泥在任何一种外壳里，不要限定自己。不管你现在年龄多大，你都有无限的可能性。你不用懂事、能干，也不用听话、顺从，你也可以选择保持这些特质的任何一种。

这些特质就像大海上的船，你身上所有的特质都是其中一艘，而你就是波涛汹涌的大海。海面上悬挂的太阳则是你的觉察之眼，在提醒你不要忘记这些，不要只看到其中的一艘船，就以为是全部。

所以，从今天开始你有了三个自己：身为大海的你、身为不同小船的你，以及悬在半空中俯视一切的你。讨好全世界只是那些小船中的一艘，有就有了，没有也没什么大不了，不必攻击和否定自己。

更重要的是，你还有很多其他小船，你是承载无数小船的大海，而这大海才是你无限潜力的来源和应对一切困难的能量源泉。

　　学会运用你的觉察之眼，时刻关注大海在提醒你什么，回应你什么，你便可以顺利实现自我意识觉醒，按照自己的心意而活。

亲爱的，试着放松

当你感觉不安又想去讨好时，试着告诉自己：

- 🐾 这个世界上最值得被我讨好的人，是我自己。

- 🐾 我想狠狠地讨好自己一把，好好地宠爱自己一次。

- 🐾 取悦自己这个本领，我现在练得越来越熟练了。

习惯回避的人
内心营造的假象

习惯回避的你，到底在害怕什么？有人害怕冲突时的语言伤害，有人害怕别人的愤怒和不满，也有人害怕自己可能会让别人失望，导致关系断裂。

很多习惯回避的人往往在内心给自己营造一个假象：我要让所有人都满意，我要让所有人都觉得我足够好。

我遇到过一个咨询案例，女孩在职场中跳过3次槽，每份工作都干不长久。原因都是她无法融入团体中，找不到归属感，慢慢变成边缘人。

她每次都带着期待和欣喜开始一段新的职场生活，慢慢就发现自己跟同事格格不入，总觉得别人不喜欢她，渐渐地话越来越少，跟同事越来越疏离。

她形容这种感觉就像掉进了一个密闭的空间，哪怕在热闹的办公室，她也觉得无比孤单，最后只能用离职逃开那个无法打破孤独的自己。

案例中的女孩就是典型的回避型人格，遇到问题向内坍塌，隐藏和压抑自己的感受，却很难对外求助。她想让所有人都满意，甚至希望自己是完美的人。

这类人通常内心都有两种声音：一种是"我很渴望自己被认可，想让别人都喜欢我"；另一种是"我害怕他们不是真的喜欢我，因为我觉得自己并不完美，怎么会有人喜欢我呢？"

这两种声音会在他们的内心留下一个黑洞，他们总是特别容易关注别人对自己的态度和用词。渴望越强烈，标准线就设立得越高，达不到标准线的行为和语言都容易被他们解读为质疑、否定、不认可。他们认为别人看穿了自己努力营造的假象，所以选择逃离。

他们很难跟别人建立深度的亲密关系，频繁换工作，换伴侣，换生活地点重新开始。他们并不是喜新厌旧，只是没有能力承受当新人变成旧人之后，自己不再被强烈地喜欢，或者自己身上的瑕疵逐步暴露出来。

为什么习惯回避的人那么难改变?

很多人的回避已经成为一种本能动作，要改变也是一件非常不容易的事。

为什么这么说呢? 用三重脑理论来跟大家解释一下，我们人类有三重脑，分别是理智脑、情绪脑和本能脑。

在理智脑告诉自己不要回避之前，情绪脑就已经断电跳闸，让大脑关闭了。

理智脑主管思考、分析、回忆、判断局面等认知功能，而这些功能发挥作用的前提是情绪脑可以正常工作。

假如把理智脑比喻成冰箱，情绪脑则是电路。电流一旦负荷超载，便会自动跳闸，冰箱自然就不工作了。所以，这里的核心问题是情绪脑能否保持正常工作。

答案的关键就藏在情绪容纳之窗中，它决定了你的情绪承受能力，如图2-2所示。

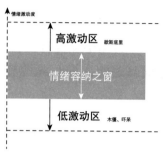

图2-2　人的情绪容纳之窗示意图

如果你遇到的事情在情绪的承受范围内，那么这时你的大脑可以保持正常的思考，可以分析、判断、加工，并用思考的结果和别人交流。

但是，如果一件事情给你带来的情绪刺激强度很大，远远超出情绪容纳之窗的承受范围，那么，你的反应有两种：

一种是跳到高激动区，你会吵架、歇斯底里，听不进去别人讲的道理，整个人完全失控；

一种是进入低激动区，整个人变得麻木，杵在那儿一动不动，看上去面无表情，没什么反应，也不在乎什么，其实是人僵住了。

很多习惯回避的人看上去很沉默，无所谓，不在乎，其实他们更多的是掉进了低激动区，这是对自我的保护。所以，如果你的情绪容纳之窗很小，只要发生一点事情，你的情绪就跳闸了，大脑就会出现种种失控行为。

习惯回避的人有怎样的成长背景？

2005年《科学家》杂志做过一个报道，当人感知到危险的时候，僵住不动是一种动物本能式的防卫和自我保护措施。

《心理生理学》杂志上也发表过这样一个实验，研究者找了一组被试，组织他们观看人受伤时的照片，并测试他们的心跳、脑电波等。

结果他们心跳减速，肌肉紧张，血液流动速度减慢，身体活动强度也会减弱，这就是一种木僵的状态。这是人在判断危险出现时，为了躲避危险的一种本能反应。

这时候可能还会有人问，为什么有的人面对类似情况会抓狂，歇斯底里，但是却不会木僵？从依恋理论的角度来讲，遇到危险容易产生木僵反应的人更多是回避型依恋，而容易陷入歇斯底里状态的人则主要是焦虑矛盾型依恋。

依恋类型有四种：安全型依恋、焦虑矛盾型依恋、回避型依恋、混乱型依恋。很多人常讲的没有安全感其实跟依恋类型有关。

安全型依恋的人是最常见的，大概占60%。他们最大的特点是有弹性，能灵活应对问题，所以通常是比较有安全感的。他们对自己和世界的感觉是信任和确定的，能够用温暖和一致的方式来跟别人相处。

混乱型依恋占比比较少，大概有3%，这类人比较容易出现人格障碍问题，比如边缘型人格障碍。而一旦涉及人格障碍的问题，各种不稳定性就会增加。一旦陷入这种关系中，双方都会被折磨得比较痛苦，但又很难抽离出来。

焦虑矛盾型依恋的人通常有这样几个特点：高依赖、高控制、高期待、高敏感、低安全感、低信任度、低自我价值。

他们往往有情绪不稳定的父母，尤其是母亲。母亲有时候温柔有耐心，有时候却会贬低或者严厉批评他们。当父母给孩子的回应有时是这样，有时候又是那样时，孩子就会混乱，不知道该不该跟父母表达需要。

因为得到过，所以他们知道被父母爱着的感觉有多美好，可是又不确定如果跟父母要求爱，父母到底会给自己一个巴掌，还是一个甜枣，所以他们内心很忐忑。

这种依恋类型的人长大后就会焦虑地用各种方式尝试掌控，包括婚前的保证、婚后事无巨细的报备等，这些都是他们获得掌控感的方式。

这种依恋类型的人对于回避型依恋的人来说，可以说就是一场灾难。

回避型依恋跟焦虑矛盾型的不同之处在于，他们的父母情绪稳定，但是常常拒绝、批评或者贬低他们。因为从来没有体会过依赖别人的温暖和美好，所以他们早早就变成了一个小大人，对外界关上了心门。痛苦的时候只会自我疗伤，不会把伤痛呈现给别人看，因为对他们来说，"我必须强大，否则世界就会伤得我体无完肤。"

看懂一个人回避的背后到底发生了什么，这点非常重要。越懂一个人的依恋模式，就越知道如何跟这种人相处。如果你自己本身就是这种人，就要学会给自己做情绪拉筋。这就像跑马拉松一样，尝试把自己的情绪容纳之窗扩大。

最好的方法就是找一个让你感觉安全的人，比如心理咨询师，在跟对方交谈的过程中，试着体验自己的情绪，表达自己的情绪，然后得到反馈和安慰，你的承受力就会一点点提高。

亲爱的，试着放松

 当你感觉害怕时，试着告诉自己：

🐾 每个人都有害怕的时候，我会害怕很正常。

🐾 我需要想一些办法来保护自己，让自己感觉安全一些。

🐾 我也可以带着害怕打开个门缝，去观察这个世界。

🐾 这样的我就已经是勇敢的了，我可以奖励这样的自己休息一会儿。

委曲求全，
换来的多是得寸进尺

🐾 委曲求全的人都有一颗叛逆的心

委曲求全的人内心其实是跟这个世界保持距离的。他们在内心给自己预设了一个罪恶的世界。他们看上去包容、大度、不计较，其实暗含的想法是："我不相信你们会真心爱我、在意我、心疼和保护我，我是不会被珍惜的。"

所以他们早早便把自己包裹起来，跟别人远远地隔开。在他们好脾气、大度忍让的外表下，常常有不为人知的一面。

有一句话说得好：别人对待你的态度都是你教会的。同理，委曲求全的人通常也在"吸引"别人这样对待自己。

🐾 委曲求全的人在吸引得寸进尺的人？

第一，从不表达需求。很多委曲求全的人其实都是打落牙齿和血吞，可是面对别人时展现出来的都是大度，都是"我没事，我还好，我不需要照顾，我这样可以"，并没有让别人看到自己真实的内心，更没有让别人看到自己的需要。

他们自己躲在黑暗的角落，脸上带着温和的笑，努力维持着体面的姿态，让别人以为他们真的很好。他们只是在暗中等待一个主动关心自己，能透过伪装发现他们脆弱的人。但遗憾的是这太难了，大部分人看不懂这些，于是理所当然地选择忽略。

第二，不会反馈。面对别人提的要求，如果是能够做到的，他们会一口答应；如果是有些为难的，他们也会尽力去做，因为不想让别人不高兴。但是他们会在内心积累委屈和压抑，次数多了，时间久了，这些不满就会在某一次愤怒中爆发出来，或者试图以好聚好散的方式切断跟别人的关系。

如果别人提的要求再过分一些，他们的内心更加难以接受，可能一边表面答应着，背后却迟迟不去行动，或者直接

119

沉默不讲话，甚至回避这个人。

在这个过程中，他们就会发出类似"为什么有些人总是得寸进尺"的感叹，可是他们看不到是自己界限不清带来的。

第三，不敢示弱。他们把别人远远地拒之门外，不让别人看到真实的自己，他们的包容和大度都是伪装在外面的壳，只是为了不让自己受伤。所以他们的随和、包容、理解和大度都是表面的，很难信任别人，也很难跟别人交心，而是常常把自己包裹得严严实实，远远地观察别人，然后展示给外界所有的善意，借此来保护自己不受伤害。

但是他们常常忘了，他们已经假设别人是不可以信任的，都是重利轻义之徒，容不得自己有半点撒野。哪怕露出一点任性和要求，可能别人就不喜欢自己了，甚至会轻易抛弃自己。

🐾 摔跤之后不再爬起，就可以不再摔跤

没有人可以倾听自己的委屈，保护和捍卫自己的利益，所以他们慢慢养成了一种习惯——既然世界这样待我，那我

就不要自取其辱了，也不要奢望再多了，能忍一忍就忍一忍。就像没伞的孩子要学会跑快一点，想要更多，那就多付出一些好了。

但这里有一个致命的问题，那就是：<u>当他们的外界环境已经变了，他们还用同样的方式对待周围的人。</u>他们曾经遇到过一个坏人，于是便一直把周围的人都当成坏人。

打个比方，一个人在泥地里摔了一跤，摔得很疼，为了不再摔跤，他们决定以后都不站起来了，就爬着往前走，这样就不会再摔跤了。

这个比方听上去有点儿可笑，但其实很多人都在这样做。说起来简单，改变起来其实很难。因为曾经受伤过、被忽视过、委屈过，那些痛彻心扉的感觉被刻在了血液里。他们不敢相信自己，也不敢相信别人，还是保持大度谦和，委曲求全来得更加熟悉和简单一些。

当然一定会有人说，人心险恶，不要把人心想象得太美好了，如果你把自己的脆弱暴露出来，但是没有对应的实力，就只会遭别人嫌弃，甚至知道你的底牌后欺负你。

这的确是有可能的，但是你还是要记住一句话：**你弱的时候，这个世界最恶。**所以你弱在前，恶在后。

你需要让自己强大起来，敢于面对自己内心的恐惧。当你自尊、自重、自爱了，你的脆弱才可贵，你的需要才有价值。

🐾 如何心理喂养你的内在小孩？

内心的强大跟我们的内在小孩有关，内在小孩的状态就是我们内心的真实状态。如果你想从过去的状态中走出来，就需要学会与内在小孩对话，从心理上喂养自己的内在小孩。

如何做到呢？教给你一个马上就能操作的方法。

这种方法可以快速绕过理智脑层面的防御，直接针对内心模式去做工作，30分钟就可以帮助你快速从内在萎缩状态调整到幸福饱满的状态。

我已经用这种方法帮助过很多内在小孩受伤、自我疏离、自我厌弃、价值感不高的案主。

当然，这种方式有一定的风险，建议不要自己单独做，要寻找专业的心理工作者来陪你探索。

内在小孩的心理学原理是，随着生理年龄的增加，如果我们的内在小孩没有得到关爱与喂养，便会停留在某个年龄段。当遇到一些重大或者危机事件时，我们便会出现退缩行为，重新退回到我们内在小孩的心理年龄。

所以，滋养和调整内在小孩的状态，可以反向影响我们当下的生理年龄。

与内在小孩对话的方法分为三个步骤：

第一步：准备工作

找一个安静、安全的环境，最好是你熟悉的房间，方便锁上门，不会有人突然闯进来。

第二步：定位工作

找个舒服的位置坐着或半躺着，让自己放松下来。闭上眼睛，不需要做任何努力，你越放松，你的内在小孩越能够出现在你面前。

如果你看不到，通常说明你的放松程度不够，可以听一些催眠音乐，让自己一步步放松下来。

观察到你的内在小孩之后，重点观察这几个方面：他的发型、衣服是什么样的，他的表情是什么样的，他的心情是怎样的，所处环境是怎样的。

第三步：互动引导，投喂心理营养

内在小孩的形象出现之后，你可以尝试跟他互动，互动的原则是按照人的内心需求由浅入深，比如给予关注、理解、心疼、安慰、允许、陪伴、欣赏、喜欢、接纳。

我有个案主做内在小孩对话的时候，他看到的内在小孩是一副人体骨骼，没有眼睛，整个人散发着一种寒气，没有任何生机，很可怕，他下意识的反应是不想再看了，想逃离。

这时候我引导他做的第一步就是给予内在小孩关注，用现在看到的形象、产生的可怕感觉来跟内在小孩对话，反馈给对方："看到你的样子，我觉得有点儿可怕，但是我还是想看看你。"

这样反馈之后，继续观察内在小孩的反应，或许他会投来怀疑和不信任的眼神。这时候不要着急，耐心一点，就像安抚孩子一样，温暖而柔软地对待自己的内在小孩，慢慢去调和那个画面，让内在小孩达到越来越放松、舒服、自在、柔软、快乐的状态。这就是给自己的内在小孩投喂心理营养的过程了。

这里面有两个侧重点：前者是在做内在小孩"被看见"的心理需求喂养，后者是在做"被关心，被关注、被重视"的心理需求喂养。这个过程可能千变万化，你不必一定完全按照这个例子来跟内在小孩互动。

参考原则就是从自己当下最大的心理需求开始喂养，一次一点点，等内在小孩吸收消化了，有变化了，再继续多给一点。

学会滋养自己的内心小孩，学会关爱自己、重视自己，是从根本上让自己堂堂正正地站立在这个世界上的方法。

希望这个世界少一些用委曲求全来保护自己的人，多一些可以绽放自己生命活力的人。

亲爱的，试着放松

 当你感觉自己在委曲求全时，试着告诉自己：

🐾 亲爱的我一直在顾全大局，这样有大格局的我真了不起。

🐾 我要补偿一下自己，让自己满足一下。

🐾 我可以给自己列个需求清单，看看我能为自己做什么。

🐾 敢于去爱自己的我是最美的。

一有风吹草动就好不**淡定**，
是安全感在作祟

🐾 安全感低的人习惯于闭环思考

有一个女孩子，她的工作、外表、学历等各方面条件都不错，男朋友对她也特别好，凡事都会考虑她的感受。但是她内心还是会经常不安，总是害怕有一天男朋友对自己不耐烦，不再喜欢自己，会离开自己。

男朋友每次听到这些，都会安慰她，跟她保证："我是不会离开你的，我会永远陪着你，你那么优秀、那么美好，我怎么舍得离开你呢？"

这些话当时会让女孩子心里踏实一些，但是疗效也就是几天。过一段时间后，她又开始质疑：你喜欢的是我这些条件，还是我这个人？如果有一天，我跟你结婚了，生了孩子，我不能出去工作或者没有赚钱能力了，因为生孩子身材走形了，你还会像今天这样爱我吗？

她会觉得，今天男朋友所有的爱，都是因为自己当下具备的某样东西。一旦她没有这些可以交换的东西了，对方自然不会再爱自己了。所以，她在心里形成了这样一个闭环的思考方式：

1. 别人不爱我，我很痛苦，我想改变；

2. 就算我通过自己的努力赢得了别人的认可和迁就，也仅仅是因为对方看中我的某个条件，而不是我这个人。所以别人爱的不是我这个人，而是我的某个特质。

3. 我害怕别人一看到真实的我，就不爱我了，可是我又渴望有人看到真实的我，然后继续爱我。所以我就会一直试图来设置各种困难考验对方，并让对方克服种种困难来爱我；

4. 考验的过程反而一点点消磨了对方对我的爱，最后我又验证了开始的结论：看，果然没有人真的爱我。

这种闭环的思考方式让童年缺爱的人陷入一个迷宫里，一直在里面转来转去，却找不到出口。如果她不能改变自己的思考方式，升级自己的安全感系统，问题是无法得到解决的。

这就像你有一把椅子，每天都觉得它不结实，生怕它折了，会摔了自己，于是每天小心翼翼，或者把螺丝重新拆下来再拧上去，把腿拆掉，重新安装一个新腿。

你希望用这种方式让自己安心，但那把椅子在被改造的过程中真的变得越来越不结实。多少男人体会过坐这把椅子的辛苦和心酸，越来越沉默，越来越逃避，越来越拒绝，直到关系一步步走向死亡？

🐾 安全感低的人一边渴望一边恐惧

内心缺乏安全感的人常常会冒出来两类声音：一个是"我不会被爱的，我不值得被爱"；另一个是"我渴望被爱，我好希望有人能够让我感觉到被爱"。

这两种声音在内心不断打架，体现到外在行为就是：一手推开别人，一手拉扯别人。男人会统一把这些定义为"作"，其实是他们根本不懂女孩子这背后的挣扎。

心理学把这种人的依恋类型称为焦虑矛盾型依恋：**我渴望你爱我，可是我又不会相信你真的爱我。**在他们的认知里，每当对方做一件事的时候，都会从负面角度去解读，看到别人没做到的部分。他们借用这种方式鞭策别人做到更好，让别人达到某个高度。好像如果别人能达到，他们内心就可以解脱了，真正可以摆脱"我不被爱"的恐惧了。但事实上，世界上根本不存在那样一个高度。

这类人在事业上也会出现同样的问题：每天都鞭策自己上进努力，不断做到更好，达到更高的目标。可是达到一个目标之后，他们只有短暂的轻松，然后继续鞭策自己。不管已经取得多大的成就，他们从未有一个地方能够让自己真正感觉到安全，可以毫不戒备地安放自己的心。

可是却没有人真正反思过：为何我们身边特别容易出现焦虑矛盾型的女孩子，这跟我们的社会教育和家庭对待女性的态度都有关系。

社会一边在提倡女性要独立，要觉醒，要情绪稳定；一边削弱女性的自信心，告诉女性"你不行，嫁个好人家就是你最大的成功，没有家庭的女人，事业再成功也是可悲的"。这两者就会形成一种矛盾：又要马儿跑，又不给马儿吃草。

因为情绪稳定的背后一定是内在自我价值感的笃定和自信心带来的淡然，而削弱一个人的价值感和自信心之后，必然换来的是失控感、焦虑感，以及内在的不安全感。

🐾 安全感低的源头

父母的情绪稳定是一个家庭的定海神针。如果父母的情绪不稳定，孩子就会既想要靠近父母，又怕靠近父母。

举个简单的例子：今天孩子放学回家，拿着100分的试卷给父母看。结果父母一顿表扬，还奖励孩子很多好吃的。这种感觉对孩子来说太美妙了，下一次孩子又考了100分，这次父母淡淡地说"这算什么本事，有本事你门门都考第一名"。

这样讽刺的回应让孩子心里很不是滋味，他想不明白为什么会这样。那如果第三次又考了100分，还要不要给父母看呢？从内心来讲，他肯定想给父母看，因为曾经得到过的感觉太美妙了，但他不确定接下来会得到什么，于是便形成了这种矛盾的状态。

理解这些之后，如果你是焦虑矛盾型的孩子，从现在开始，去跟缺乏安全感的自己对话、和解，并且去改写曾经在父母那里形成的"我不值得被爱"的核心剧本，这才是解决一切问题的根本。

你现在所表现出来的不安全感，都是因为没有持续稳定地被情感滋养过。 所以你不懂得如何滋养自己，不懂得如何提高自己内在的安全感。

30岁之前，或许你还可以怪罪到原生家庭上；但30岁之后，你就要知道，你永远有办法解决，只要你想解决。包括这本书教给你的方法，这些是父母不曾给过你的，但现在你可以给自己。

我一直非常认同一句话：原生家庭可以影响人，但不会限定人。真正的安全感，只在你的内心，而非某个人、某件事。你不需要找任何避风港，因为你就是自己最好的避风港。

怎么才能提高内心的安全感？

在你的核心剧本没有修改之前，先学会区分心理现实和客观现实。心理学家罗伯特·K.莫顿（Robert K. Merton）提出了"自证预言"的概念：如果一个人把脑海中想象的事情当作真实存在的，那么想象中的结果会随着时间的推移变成真的。

当你产生自证预言时，你会一边要求自己戴上红色的眼镜去看世界，一边又焦虑为什么看到的事物都是红色的。你想象中的世界是什么样的，你就会在现实世界中看到什么。就算你没看到，你也会用实际行动把周围的人和事改造成你内心想象的样子。心生万物就是这样来的。

修正自己的内心，摘掉这副眼镜的前提是：你需要先找到自己的"红色眼镜"，看清楚眼镜为什么会存在，这样才有可能把眼镜摘掉，看到真实的世界。

怎么才能摘掉自己的红色眼镜呢？有四个关键性的问

题。每当你的不安全感又冒出来的时候，试着问自己这四个问题，可以帮你分清这到底是现实，还是只是想象：

问题1：到底是什么让我感觉不安全？（刺激源）

问题2：当我感觉不安全的时候，我到底在害怕什么？（认知的恐惧清单）

问题3：除了以上想到的，还有没有别的可能性？概率分别有多大？（具象化）

问题4：我的应对方案是什么？我付出的代价是什么？（应对行为准备）

亲爱的，试着放松

 当你内心的不安全感又出现时，试着告诉自己：

🐾 我知道不安全感又来找我了，我感受到了那种不安的律动。

🐾 我允许自己跟着这种律动跳舞，让我自己尽情摆动。

🐾 我不必强迫自己一定要安稳，我也可以让自己像在海上航行一样，跟随波涛汹涌去释放自己。

🐾 当我可以做那个掌舵者时，我的安全感就握在我手中。

第 3 章

提升松弛力，由内而外养出松弛感

那么，如何提升松弛力呢？如何由内而外养出松弛感呢？核心在于提升你的内在力量。当你内在有了力量，你才能在面对这个喧闹不安的世界时不慌不忙。

因此在这一章，我从改变内在剧本、重建内在角色、重组内部语言、解除童年封印、终止耗能关系五个方面来带你一起重塑内在秩序，提升内在力量，以成为松弛有度的成年人。

做内心的**橡皮擦**，擦掉让自己紧绷的内在剧本

🐾 内在剧本决定着你的人生

内在剧本会为你的生活预设剧情，让你不自觉地按照剧情一步步行动。如果这个剧本不改变，基本上你的人生就是注定的。很多人会把它归因为命运，其实所谓的命运，不过是跳不出内在剧本而给自己找的自我安慰的理由而已。

我有个女案主在做全职妈妈多年之后，又重新回归职场。她自入职的那天开始，在面对老板时内心就非常紧张，害怕做错事、说错话，谨小慎微。即使是面对同事，她也会紧张，面对能力比她强的，她担心自己哪里没做好；面对能力比她弱的，她也会担心对方嫉恨自己。

在她心里，别人都有共同的特征：挑剔、严苛、自私、危险，随时可能会踩自己一脚。而她自己则是那个随时可能被挑剔、被替换、被审查、不够好的人。这就是她的内在剧本。

总的来说，内在剧本包含两个维度：第一，对外界的看法；第二，对自己的看法。

对外界的看法是我们过去无数次在跟重要他人互动时所形成的惯性应对模式。我们总是会过度在意别人的看法和评价，这是我们的基本世界观。而这种认知又会影响我们对自己的看法，并依此形成"我是能干的""我是值得被爱的"等价值观。

如果一个人在描述他人时都是类似的感觉，那么基本上这个人讲的已经不是周围的人怎样，而是自己的世界的样子。这是他的世界观，是他内在剧本的剧情而已，剧本决定了他只能看到这些。

🐾 内在剧本是如何影响我们的？

我们一直陷在自己的剧情里跟闭环思考有关。

例如，我是个很失败的人，我什么都干不成，哪怕别人鼓励我，有以往的成就摆在我面前，我的解读也可能是：他们只是在说好话，并不是我真的有那么好；以往的成功只是运气好而已，下次就不一定了。

这时候我产生的**情绪**通常是：焦虑、紧张、害怕；对应的行为是：做事情手忙脚乱，患得患失。而这种行为极有可能导致失败的结果发生，这时候内在剧本就会重复同样的台词：看吧，我就说我不行，你们偏说我行，你们果然都是在哄着我玩，上次果然只是运气而已，我果然还是个失败的人，我什么都干不成。

只有看到内在剧本如何环环相扣地影响我们，我们才能真正意识到它的影响到底有多大。为了让你更清晰地了解运作过程，我整理了内在剧本运作示意图，如下图：

图3-1　内在剧本运作示意图

我们这一生都套在这样的内在剧本里，却常常不自知。没有复盘过自己人生的人，很难跳脱出来看到这中间到底发生了什么。而心理咨询的最大价值就在于帮助我们升级和优化自己的内在剧本，这就是我们常说的"改变命运"。其实命运都写在你心里了，你的心没有改变，命运便不会改变。

🐾 如何改写自己的内在剧本？

不要奢望告诉自己"我可以的，我会成功"这个方法能奏效，因为这时候你的内心一定会打架，原本的声音就会跑出来反驳："你这不是自欺欺人嘛？明明就是不行，别硬撑了，你累不累啊！"

很多人的内在剧本并不是单一的，而是复杂的，只是有主有次而已。也许今天你的主流内在剧本是"我不行，我很失败"，非主流内在剧本是"我不甘心就这样放弃，我还想试一试"。经过一番战斗，主流剧本还是赢了。次数多了，主流剧本的声音就会越来越大，而非主流剧本的声音越来越小。你就会以肉眼可见的趋势变得越来越颓废、沮丧和失落，越来越没自信。

要想改写自己的内在剧本，就需要把握一个原理：棋盘原理。黑子和白子在棋盘上对弈，有时候黑子占先机，有时候白子占先机，而黑子和白子就像你脑海里的主流剧本和非主流剧本。

这两种剧本都是你的剧本，重点在于无论哪一种占领先机，都是你在起主导作用。

接下来关键点来了：你把自己摆在什么位置？黑子？白子？还是棋盘？棋手？

当你被自己的内在剧本深深影响的时候，说明你把自己摆在了黑子或者白子的位置上。无论在哪一方，你都无法利用另一方的力量，甚至会对抗它，这就形成自我内耗。

而跳出内在剧本的关键，恰恰在于跳出棋子的位置，把自己当成棋盘或棋手，这样你身体内流动的每一个想法、每一种情绪皆可为你所用。

怎样才能有效利用？正念疗法中提倡一种方法，叫作观察。观察你的念头升起、漂浮、落下，然后再升起、漂浮、落下。在这个过程中，你要做的只有观察，不干预、不阻止、不投入，允许这一切自然发生，自然来去。而不管这一切怎么来去，你依然是那个稳稳的棋手。

当然，观察说起来容易做起来难，难就难在我们总是想掌控些什么，总是在区分这是好的，那是不好的，好的想多要一点，不好的想抵制。当我们想掌控的时候，那些本应在内心自然流动的东西，就会发生郁结。我们越努力消除，就会越强化这部分的影响。

但是，能做到这一点的人未来会真正成为自己人生命运的掌舵者：

"我尊重我所有的情绪，也尊重我所有的想法，它们都是有价值的，我接纳所有的想法和情绪。它们都在提醒我、保护我，我有那么多的护卫，所以我很安全。我允许他们按照它们的节奏来来去去。"

把这段话抄下来贴在你的床头，每天睡前和早起时读三遍，可以帮你找准自己的定位，同时以更加开放的姿态迎接每一天。

从紧绷的内在剧本里跳出来，提高涵容力

你的身体、心理就像一个容器，你所经历的每一件事、遇到的每一个人都是你人生体验的一部分。你最大的使命便是把这个容器清理干净，然后一点点给这个容器扩容，让它越来越饱满，承载量更大。而你遇到的每一件都是来帮助你达成这个目标的。

在观察的时候，下面这三句话可以帮你从原本使你紧绷的内在剧本里跳出来：

第一句话：我看到你了，我的_____（紧张、担心、害怕等，你的任何情绪或想法都可以）。

第二句话：我知道你在告诉我＿＿＿＿＿＿（信号，可能存在的风险或者要注意别人的什么期待等）。

第三句话：谢谢你的提醒和保护，我接收到了。感谢你一直在保护我，陪着我，有你真好，我会注意的。

把每一种声音、每一种情绪都变成你手中的棋子，而你就是下棋的人，观察这些棋子的起起落落。 每一项你都尽收眼底，但每一项都不值得让你倾巢出动，以肉相搏。你的内在剧本只是无数剧情中的一种，当你的定力越来越足，你就会发现曾经的剧本在逐渐松弛脱落。

所以擦掉内在剧本，并不是真的擦掉，而是给自己扩容，重新定位自己。

当你的格局大了，就不再是内在剧本的奴隶，反而是它的主人。

亲爱的，试着放松

当你感觉到自己被束缚时，试着告诉自己：

- 我可以是任何身份和角色，我也可以不是任何身份和角色。

- 我就是我自己，没有任何标签和要求能够限定我。

- 我喜欢探索更多面的自己，让自己自由地呼吸，享受肆意奔放的轻松。

- 这些能量都会反过来支持我的人生，让我活得更加滋润。

重建自由的内在角色，时刻给心理蓄能

🐾 两条腿走路：母性角色提供的安全感和父性角色提供的规则感

母亲扮演的通常是支持者、照顾者、陪伴者、鼓励者、欣赏者等软性角色，提供的是安全感；而父亲扮演的则是要求者、鞭策者、督促者、示范者、引领者等硬性角色，提供的是规则感。

这两类角色没有高低好坏之分，是一个孩子成熟的过程中都需要的两类能量，缺一不可。但我们常常遇到的问题是只拥有其中一种角色的能量。

我曾经带一位案主做内在小孩对话的体验，当时她正在被逼离婚，整个人无比憔悴。在她与内在小孩对话的意象里，出现了一个头发乱蓬蓬，脸上脏兮兮，衣服破破烂烂，浑身瑟瑟发抖的小女孩。她蹲在一个角落里不肯站起来，她看到这样的自己之后，说出来的话竟然是："你给我打起精神来，赶快去跑。你这样有什么用，你再这样没有人会喜欢你。"

当她讲完这些之后，那个小女孩的形象变成了一副骷髅的样子，眼神空洞无物，看着就很吓人。

在这位女案主失魂落魄的时候，她更需要的是温暖的母性角色所给予的鼓励和支持，可是她在过去的成长经历中从来没有得到过这样的角色支持，所以她没有学会温柔地对待自己，只能以父性角色的要求与自我相处。

这两类角色就像人的两条腿。孩子只有成长在一个健康的家庭，父母各自承担其职责，并且能够和谐相处，孩子才能自由调配这两种能量，以更好地帮助自己蓄能。但如果孩子只有其中一种角色养育的体验，那么就容易出问题。

这里强调两个条件：

1. 父母能够很好地承担自己的职责；

2. 父母能够和睦相处。

只满足第1点、不满足第2点的情况其实是不存在的。因为父母的关系不和谐势必会影响各自承担的父职和母职。而事实上很多把生活搞得一团糟的人，这两个条件都是不达标的，导致其内在角色僵化、无效。

曾经被主要养育者对待的方式是因，内化为对待自己的方式是果，后者就是所谓的内在角色。这又会成为新的因，决定你未来如何对待自己的伴侣，如何对待身边的人，这些会成为新的果。

过去的已然过去，不必再追究，但是自己以何种方式对待自己却是贯穿始终的核心。只要调整了这一点，也就改变了未来。

🐾 如何调整自己的内在角色？

首先，要自我评估。在母性角色和父性角色的能量获取上，你分别给自己打几分？分值低的那个通常就是你重点要补充的，分值高的可以不用变动。只给自己做加法，不要做减法，不要试图消灭自己的某些特质，这样反而会引发新的不接纳和对抗。

其次，生出"觉察之眼"，尤其是觉察高分角色开始出现是在什么时候，从"习惯性地做"到"我知道我在做什么"，需要培养觉察的过程。在没有觉察之前，你是无意识的，是被推动着做的，那时候你其实等于棋子。但是当你意识到自己在做什么的时候，你就从棋子变成了棋手。

例如，每当别人反驳你的意见时，你总是不自觉地生气，会试图去说服他，让他改变想法，跟自己保持一致。你仿佛在被某种未知的力量推动着，这时候的你就相当于一颗棋子。一旦你觉察到别人反驳自己的时候，你内心的声音是"他不认可我，我不够好"，你就把这些背后的信息透明化了，也就能从棋子变成棋手。当然这是一个复杂的打破自动化的过程，我们需要先学会觉察。

我们可以从三个维度来觉察：

1. 我知道此时此刻的我是什么感觉；

2. 我知道我这样做的目的是什么；

3. 我也知道我这样做是不是真的能达到我想要的效果。

例如：我知道他不认同我，这让我感觉焦虑和紧张，我害怕被否定、被抛弃。

我反复说服他，就是希望能够被他肯定，被他重视和在意。

而当我反复说服他的时候，不但没有让他更重视和在意我，反而让他感觉自己是被强迫的、被否定的，他跟我在一起更不舒服了，我们之间的冲突更多了。

这就相当于你拿了一个放大镜，把自己的某个行为放大数倍去反复研究，然后有意识地去做优化。掌控权都在你手里，这就是跳脱出来后的自由。

你可以被原生家庭影响，但不会从此被限定。只要你想，你就可以重获内在自由，把控自己的人生。

亲爱的，试着放松

 当你感觉内心能量匮乏时，试着告诉自己：

- 我知道我累了，我心里感觉到空了。

- 我需要被滋养了，我需要找一些能滋养我的东西。

- 我是最重要的，我好了，其他的才能好。

- 我可以暂时停下来给自己放松充电，好好爱自己一下了。

你的内部语言，
决定了你的能量级频道

🐾 内部语言是可怕的魔咒

你的内心也许有这样的声音：我怎么这么差劲？为什么我什么都做不好？别人会不会嘲笑我？老板是不是早就对我不满了？我这个人行不行？

这些外人听不到的想法就属于内部语言。

我们的内部语言有不同的情绪背景音乐，自然带来的效果也是不一样的。就像听相声，越听越开心；听恐怖故事，越听越害怕。而我们每天的内部语言就像有人在耳边放了一台收音机，播报的每一句话都在刺激我们不断地产生相应的情绪，同时也在影响我们的能量级频道。

我的一位案主有当众演讲恐惧症，每当需要演讲的时候，他都会找各种理由临阵逃脱。那时候他的内部语言就像在播放一部恐怖电影："你会讲得很糟糕的，没有人认同你，所有人都会嘲笑你，你不行的，还是放弃吧，任何人来做都会比你做得好。"

这些声音会在他临上台的前几天反反复复地播放，导致他越来越自我怀疑，最后不得不放弃演讲。他被自己的内部语言打败了，使他错过机会，没能站在真正属于自己的舞台上。

他要做的调整就是从这种内部语言里跳出来，学会给自己的情绪电台调频。

🐾 给自己的情绪电台调频

如何才能不被某一个频道的内部语言干扰呢？你需要反复做三个关键的系统刻意练习。

1.听到练习

听到的前提是把声音跟人区分开，声音是声音，你是你。这些声音并不是你天生就有的，而是在成长的过程中有人反反复复告诉你的，你对此产生了情绪记忆，这些记忆留在了你的感知系统中。

你需要检查这些后天人为的装饰，把它们从你的身上剥离开来，就像区分花生粒和玉米粒一样，你总要先知道这两者的差别是什么。

在这个过程中，阻碍你的常常是内心的一种信念——我坚持认为这些声音都是真的，我就是这样的人。你越是这样想，就越坚定地相信别人曾经灌输给你的思想，也就越难跳脱出来。这种反应叫作"淹没性的情绪反应"。

听到练习可以帮我们先处理自己的情绪，不然每当想到某个场景时，就被淹没性的情绪反应困在其中了。这时的我们只能花大量的时间和精力来清理情绪，根本没时间做其他的事情。

听到练习做起来其实很简单。你可以打开手机备忘录，记录下三个小要点：刺激源、情绪、想法。

刺激源指的是外界发生的事件；情绪是你在这个过程中产生的感受，例如焦虑、担忧、害怕、紧张、兴奋、挫败等；

想法是此时此刻你内心冒出来的念头。

把它们都记录下来，这样你"听到"自己想法的能力和敏锐度都能得到训练。

这些内容可以每周总结复盘一次，通过复盘，你会发现一些规律性的特点，比如总是对某些事或人有同样的情绪和想法，这些可能就是你的内在剧本或创伤点。

2.关闭情绪电台练习

听到练习熟练之后，就可以开始关闭情绪电台练习了。当你的某一种情绪或者念头升起来的时候，你要知道如何关闭这些声音，把自己从中拔出来，让这些声音不再继续影响自己。

你需要警惕的一点是别掉入新的"自责、懊悔"的情绪漩涡里去。比如，当你发现自己又开始想不好的事时，会容易衍生出另一种念头："唉，我都学这么多东西，这么努力了，怎么还是会想这些。我是不是没救了，我怎么这么笨，就是控制不住自己！"这些想法等于给自己开辟了另外一个战场。

做这个练习要记住"2不要2要"：不要自责、不要自我否定；要温柔地告诉自己"我知道那些想法又来找我了"；要让自己行动起来做一些别的事，比如给自己沏一杯茶、看看书或者去散步都可以。<u>行动往往是打断情绪和想法最快速的办法</u>。

学会关闭旧的频道之后，就可以练习打开新的频道了。你的大脑就像电视机一样，遥控器就掌握在你自己手里。

3.赋能练习

最能够提升一个人能量级的是赋能练习。在重塑自己的内部语言时，我们可以把自己的语言都换成赋能式的，这样我们说出来的话就像一道亮光，不仅照亮自己，也能照亮别人的人生。

<u>赋能的重点在于练习"欣赏者的眼"和"夸奖者的话"</u>。在日常生活琐事中，每天记得关注自己：我哪里做得特别好？我最喜欢自己的什么地方？比如克服了一个别人都处理不了的困难，挑战了一件不太擅长但又想尝试的事。你可能会说自己没什么优点，很普通，找不到值得欣赏的地方，我

为你整理了一个赋能角度清单，可以自己用，也可以给别人用。对照这个清单，每天尝试一下看看，你一定能找到合适的角度为自己赋能。

赋能清单

1. 承担：勇于承担压力和困难，不放弃，不躺平；

2. 坚持：在重大压力下，依然没有摆烂，没有放任情况发展；

3. 勇气：每次遭受失败或者挫折之后，都会站起来，鼓励自己，不服输；

4. 态度：对待小事情和小细节认真、细致、有耐心；

5. 解读：坚持以善的角度去看待人和事，从不恶意揣测；

6. 意图：做事情的出发点是好的，从不想着伤害别人；

7. 行动力：只要是自己认可或者愿意做的事，都会积极行动；

8. 思考力：对问题的分析比较透彻全面，喜欢动脑；

9. 有主见：比较清楚自己的想法，不会人云亦云；

10. 敢挑战：主动尝试跳出舒适区。

159

这些都是可以用作赋能的切入点。请关注你脑海里冒出来的每一句话是在损耗你的能量还是增加你的能量。这些话在不知不觉中会发挥巨大的影响力，能决定自己内部语言的人，通常就能掌控自己的人生。

亲爱的，试着放松

 当你想为自己赋能时，试着告诉自己：

- 我能听到自己的想法和声音了，我慢慢能看到自己的需要了。

- 不管发生什么，我都依然坚持努力，没有放弃，我为自己自豪。

- 这样的我是非常值得被爱和有价值的，我怎么这么棒！

撕掉讨厌的标签，
解除童年对你的封印

每个人身上都有很多标签，而标签往往代表别人对我们过去的评价，也隐藏着对我们未来的期待。有很多人很在意负面标签，并努力想要摘掉这些标签，结果标签反而成为自己内心的噩梦。

有个女案主分享自己的经历，她说自己带领的团队年年业绩第一，可是自己的下属都不喜欢自己，甚至背地里纷纷表达对自己的害怕和讨厌，觉得自己太强势了。

不仅如此，连她的家人也都觉得她强势，在家庭聚会时只要她在场，大家就很拘谨，而她不在时，大家都很放松。

她找我咨询的目的是想要变得不那么强势。强势好像已经成为她人生的污点，她想甩也甩不掉，自己都嫌弃自己。

那么遇到这种情况，到底该怎么办呢？

🐾 重新解读你身上的标签

你越讨厌的东西，越容易保留下来。你讨厌的标签会随着你的关注而得到强化，标签不是被撕掉的，而是被转化掉的。

就像前文分享过的仙人掌，仙人掌的尖刺或许就是我们身上的标签。这个标签在过去某时某刻帮助我们活了下来，如果没有这个标签，可能人生会更加艰难。时过境迁后，我们即使不再需要这个标签了，也不应把这一点视作污点。

每个人的标签背后都隐藏着一段不为人知的经历。你有没有聆听过自己的心声？你有没有看到所谓的"坏标签"背后隐藏了怎样的过往？这就是重新解读标签，看到标签带来的生存价值。你需要先发自内心地肯定那份价值之后，再给它找到一个合适的位置来安置。

现在就思考这个问题，找一张纸把你最不喜欢的标签写下来，然后问自己三个问题：这个标签给我带来的价值是什么？它曾经帮了我什么？让我避免了什么烦恼？

1. _____

2. _____

3. _____

🐾 被贴标签是因为没有满足他人的需求

标签既反映出你的行为，又反映出贴标签的人的内在需求。所以标签其实牵动的是双方的动机和需求。

举个简单的例子，妈妈天天念叨孩子："你怎么那么自私，让我操碎了心！"自私就是妈妈给孩子贴的标签，那么这个标签的背后包含两层信息：我的行为和别人的需求，如图3-2所示。

图3-2　标签背后的两层信息

也就是说，别人给你贴什么标签，通常说明他对你有某种需求，可是又无法正确表达自己的这种需求，所以才把责任都推到你身上。

假如这个妈妈的表达换成："你是个好孩子，妈妈特别看好你。只是妈妈有时候也很累，想休息一下，你愿意为妈妈做些什么吗？"这就属于边界清晰的表达：我承担我的需求，表达我的状态和感觉，你可以自己选择做与不做，但我不会因为你不做就给你贴个负面的标签。这种互动就去掉了控制的味道。

所以，一定要记住一点：当一个人给你贴标签的时候，并不代表你不好，只是代表你的某些行为可能没照顾到他的需求，而他不会好好表达自己的需求。

标签只是来给你报信的通信兵，而不是要撕掉你的自信。摆正它的位置，你就不会陷进内耗里。

你需要学会区分一个关键点："我"≠"我的行为"。假如你是一棵大树，而你的行为就是树叶。当别人给你贴某个标签的时候，只能说明某一片树叶需要补充养分了，但是不代表整个大树都是不好的。

所以，标签只是你人生经验的一部分，是透过别人的眼睛和需求看到的你，但它从来都不代表真实和全部的你。

🐾 标签转化三步法 ⚪

有了前面两个认知之后，标签转化起来就简单多了。这三个步骤能帮你从被标签限制的状态下跳出来。

第一步：先找到限制你的那些标签

把它们分别写在小纸条上，并贴到身上，让它们始终跟着你。无论你在做什么，或者想做什么，都感受它们往下拽你的力量或者束缚你的感觉。

第二步：寻找这些标签的来源

这些标签是谁给你贴的？是妈妈、爸爸、老师还是兄弟姐妹？总结一下，谁给你贴的标签多，就说明谁从你这里吸取了更多能量，与这个人的关系极有可能就是你后面需要突破和改善的关系。

第三步：思考对方给你贴这些标签的目的

标签其实是你通向他人人生的一个桥梁，搞清楚标签背后的意图、目标和需求，你就会发现自己更加成熟和强大了。

每个人都是带着个人的目的在对你讲话，你并不需要永远仰视对方，把那些标签当成圣旨。你要跳出来看，他为什么要给你贴这些标签，为什么要说那些话。把他当成一个普通人看，你就能把人生的主动权拿回来，你才是自己世界的主宰者。

亲爱的，试着放松

   当你想为自己提升格局时，试着告诉自己：

- 🐾 我是大海，拥有大海一般无限的潜力，在等我挖掘出来。

- 🐾 别人看到的我都只是一小部分的我，而不是我的全貌。

- 🐾 当我会宠爱自己的时候，我的所有潜能都会自然流淌出来。

- 🐾 好好宠爱我自己，是我人生第一大事，现在我要想想能为自己做点什么。

终止耗能的关系模式，探索服务于自己的爱与关系

你跟周围的人本质上是站在一条河的两岸的人，只有和对方产生联结，你才有可能把他带到你这边来，你俩才有可能同频。

但同频真不是一件简单的事，很多人哪怕一起生活很多年，也根本不了解对方，在关系中一直互相消耗，都想拉对方到自己这边，但是谁都不愿意去对岸看一看，直至感情消失殆尽。

耗能的关系模式背后，是你们都在制造对立感

我们来看一个真实的案例：父母希望孩子毕业之后，赶紧相亲找个对象结婚，踏踏实实地过日子。孩子却不想把自

己的人生太快绑定到锅碗瓢盆上。

父母希望孩子可以理解自己为他的未来着想的担忧，希望能尽可能帮孩子规避掉潜在的风险。但父母爱孩子的方式，却让孩子觉得自己的人生被控制，快要窒息了。孩子用消极敷衍的方式来反抗父母的控制，反而被父母解读为"你果然不行，不能承担责任"。

这就是很明显的站在河对岸的两个人的状态。

在人际关系中，每个人都会遇到各种冲突，不管是跟孩子的关系、伴侣的关系，还是跟朋友、同事的关系。当你的内心有力量之后，最终还是要回归到关系中，而不是躲到深山老林中遁入红尘。

当你跟别人相处得很舒服时，关系也会反过来滋养你，而不是消耗你。如果你与他人发生冲突后，再也没有办法建立舒适的关系，只是感觉自己越来越独立，那也说明你走偏了，因为人的本质属性是社会性。

很多时候，关系之所以会消耗你，是因为你无形中做了很多制造对立感的事情。你不但没有保护好自己，还激发了对方更强烈的负面情绪。

结果对方为了保护自己，做的事情让你觉得更加危险和受伤，你也只好用更激烈的方式来反击，这就是关系模式持续耗能而不能升级优化的过程。

很多同龄人在相处的时候，有时也并不轻松。就拿小 A 和小 B 这对闺蜜来说，她们经常一起逛街，遇到什么压力或委屈也能互相吐槽，缓解压力。

但她们也有不和谐的时候，比如生活习惯不同。小 A 每次去小 B 家，都会当成自己家一样，常常乱翻东西，把家搞得一团乱，临走也不帮忙收拾干净。小 B 特别苦恼，她担心直接指出来会影响两个人的关系，但不说出来自己收拾又很崩溃。如果一直这样下去，她就会陷入内耗的状态。

这时候，她到底应该怎么处理比较好呢？

🐾 耗能的关系往往有三个关键点：需求、分享、回应

能搞懂这三个关键点的人，往往就有能力终止彼此消耗的关系。

171

第一个关键点是需求。我们的需求分很多种，不是每一种需求都要被满足。核心需求是必须满足的，次要需求则标准较低。

每个人的需求的第一责任人都是我们自己，所以先理清楚自己需要什么，哪些是核心需求，哪些是次要需求。自己心里有谱之后，才能在关系中清晰直接地表达出来，不至于造成更多误解。

以小 A 为例，也许她在自己家就是这么随意的，她也没把小 B 当成外人，只是没有尊重朋友之间的界限感。

总之，在我们不知道的时候，最好带着空杯心态去了解和听懂对方，不要先入为主地在自己内心演绎一场大戏。

第二个关键点是分享。好的分享在于精准清晰地表达自己真实的感受，但达到这一点的前提是要对自己的内心有足够的了解。

你很清楚此时此刻内心升起了什么样的情绪，最强烈的需求是什么，并且把这些控制在你能掌控的范围之内。这样你才有机会通过好的分享获得更多自己真正需要的东西。

对于小 A 乱翻东西这种行为，小 B 可以这样表达自己的感受："我把你当作无话不谈的好朋友，我很在乎我们之间的关系，所以我也想和你分享我的真实感受。你随便翻东西这种行为让我有点不舒服，我需要你做一些调整。"

第三个关键点是回应。好的回应首先需要听懂对方的话，如果连重点都听不懂，就谈不上精准有效地回应了。当然，回应的能力背后也有一个主轴线，那就是情绪。

你听懂对方的情绪了吗？你分析出情绪产生的主要原因了吗？你听懂对方真正的需要是什么了吗？

在听懂的前提下表达自己的感受，这样的回应就是好的回应。

一半是你的心，一半是我的心，两颗心加一起，才会让关系成为美妙的旋律，彼此滋养。

亲爱的，试着放松

  当你感觉被消耗时，试着告诉自己：

- 我不必如此用力，事情会自然往越来越好的方向发展。

- 我只要做好本来该做的事。

- 留 50 分的精力去处理事情，也留 50 分的精力来关照我自己。

- 内心的喜悦跟着我，我就可以快乐地处理好问题。

- 慢一点，再慢一点，我可以的。

第 4 章

生活的美好，需要你卸掉刚强，柔软体验

所有人面对的是同一个世界，却能感受到不一样的风景。因为我们的心境不同。每个人的内心都有一个缺口，有些人用取悦自己来填补缺口，让自己更加完整。当他们的内心越来越完整时，行进得就更快，也更能灵活面对周遭的一切。能够活出松弛感的人是能够读懂"自我"并活出"自我"的人。

　　结合这一章的内容，我们行动起来吧！在面对工作、关系、家庭问题时做些调整，开启不讨好、不纠结、不内耗、不委屈自己的生活吧！

不讨好外界，
不被外界定义

🐾 讨好的本质是依赖

"我讨好你"，即"我依赖你"。依赖是坏事吗？不全然是，依赖别人的人往往是最勇敢的，依赖相当于把自己的身家性命、未来的人生方向、做主的权利都交给了别人，让别人来当自己的审判官。

如此重要的东西都敢交付出去，而不考虑可能付出的代价和风险，就为了使别人对自己满意，这可谓是"豪赌"了。

假如把一个人的人生比喻成一幅画，讨好的人则是把画笔交到了别人的手里。别人说这里画一棵树，画一个花园，他都会照做。

如果你倒逼式地去看他们的人生，往往会发现他们心里并不清楚自己要走的路在哪里，不知道未来要成为什么样的人，也不会规划他们在这个世界上必须要做的事。

他们很少去思考这些细节，也从不停下来看一看。当他们没有理清这些事情时，他们就找不到自己的价值支撑点，这就形成了一种恶性循环。

他们越讨好别人，小心翼翼唯恐别人对自己不满意，忽略自己的感受，就越没时间关注自己，提升自己的价值。他们不清楚自己的价值所在，为了获得自我认同感，只能继续讨好别人。很多讨好型人格都是在这个逻辑里转来转去，最终迷失了自我。

🐾 为什么讨好换不来尊重和在乎？ ⚫

为什么你讨好一个人，结果对方却并不满意？甚至蹬鼻子上脸，要求越来越高？为什么讨好换来的往往是不被珍惜和在乎，而不是将心比心？

这跟人性有关系，并且是双方"合谋"的结果，因为别人对待我们的态度，都是我们教会的。

讨好型的人很擅长把身边的人调教成允许忽视自己、只懂享受的"自私鬼"。他们会用各种方式告诉对方：我不重要，你开心就好。

很多职场新人在面对同事提的不合理要求时，哪怕自己也有重要的事情要做，也很难张口拒绝。他们常常加班到很晚，每天都累得喘不过气来，但总会委屈自己。

后来同事们都习以为常，把一些本来该自己做的事也丢给新人去做。一旦他们真的遇到困难需要帮助的时候，同事们却总会推三阻四，自己苦心经营的关系，在别人眼中什么都不是。这种人在职场中就是典型的讨好型人格。

讨好型的人有四个特点

其实，讨好的人并不像看上去那么无辜，他们把自己放在受害者的位置上，潜意识里认定别人都是狼心狗肺、不懂感恩。讨好的人在关系中屡屡碰壁，无法跟别人建立舒适的关系，只能用讨好把自己和别人远远地隔开，以保持安全的距离，保留道德上的清白感——"不是我的错，我不欠你什么，是你错了。"

讨好型的人有四个特点：

1.不明确表达需求

讨好型的人常常在表达需求上是拧巴的。他们一边告诉别人"我没事，不重要，没关系"，"教"别人忽略他们的需求；一边暗暗期待别人能够主动看到自己的需求，自己不用说出口，别人也能满足。

一旦别人没有做到，他们又会在多次被忽视之后爆发情绪，常表现为激烈的语言或行为攻击，甚至有的人会扭转整个人生方向。

2.发泄情绪

很多讨好型的人都有情绪管理的问题。他们处理情绪的策略常常是压抑自己，很难清晰明确地表达自己的情绪，别人可能根本注意不到他们的情绪波动变化。

而如果任由情绪如暗流般汹涌波动，等累积到一定程度，他们就会直接失控爆发出来。别人往往会被打个措手不及，无力招架这么猛烈的情绪冲击，也没有机会来安抚和调节他们的情绪。

3.暗中期待

暗中期待就更难寻到蛛丝马迹了。我有个案主，她的婆婆参加同学聚会，得知同学抱孙子了，婆婆赶紧给了个红包。同学收了之后只是淡淡地说了声"谢谢"，没有对她格外热情。回家之后，她竟然把同学拉黑了。

类似的小细节有很多，案主也在婆媳矛盾中不胜其烦，婆婆经常默默为她做很多事，但她又搞不明白婆婆到底期待什么。一旦婆婆有什么不如意，就会"事后算账"，发脾气或闹着要回老家。

这位婆婆愿意为别人付出，但也希望别人用她期待的方式对待她，需要别人给她相应的情感回馈。一旦别人无法给予，她就会有被辜负的感觉。

所以，讨好型的人的付出都不是免费的。她们看上去宽容大度，不明码标价自己的付出，背后其实隐藏着更高的渴望和需求。

4.无声的付出

无声的付出也是讨好型的人最容易吃亏的地方。他们的付出容易忽略两个问题：

- 这种付出是不是对方真正需要的？
- 对方能不能理解你的付出？

我有一个案主，妈妈从小就喜欢打扮她，给她买各种漂亮的衣服，但是其实她最渴望的是妈妈能够陪自己玩，而妈妈总是忽略她真实的需求。

就像小白兔拿胡萝卜钓鱼一样，如果看不到对方真正的需求，那样的付出只是虚假的付出。

讨好型的人如果一味地按照自己的想法，却从来没跟对方核对过，那付出得再多也都是为自己，而不是为对方。

一个人的行为之所以能够坚持下来，通常有两个原因：一个是他带着幻想，以为这样做可以得到自己需要的；一个是他没有其他的办法。讨好也是基于这两个原因，他要么以为讨好可以换取别人的认可和满意，要么是除了讨好之外没有别的方法。所以哪怕委屈自己，他也依然不肯改变。

所以，看到这里后，希望大家能够清晰明确地理解为什么讨好不会被珍惜，不要再用指责对方不懂感恩来逃避面对自己的问题，也不要让自己持续待在舒适区里。看到短板，才有机会弥补短板，做一个不讨好外界、不被外界定义的人。

🐾 如何才能让自己不再讨好？

第一，学会打理你的心灵后花园

人都有一个属于自己的心灵后花园，为了让别人关注自己的花园，讨好型的人没有选择用心经营，而是每天都在花园门口微笑点头、送赠品、送门票、送服务。可是他们的花园本身是荒芜的，不管做什么，都不能吸引他人驻足。

了解这个逻辑之后，从现在开始，调整自己的认知，把精力和时间放在打理心灵后花园上。你若盛开，蝴蝶自来。

第二，尝试发展自己的专属吸引力点

如果你喜欢跳舞、唱歌、摄影、做手工等，就留出时间去做喜欢的事。如果你感觉孤独，就尊重自己的感觉，在这

种感觉中待一会儿。

讨好型的人很容易因为孤独，因为害怕被抛弃、被排挤而去讨好别人。如果只是切断自己的感觉，这种做法并不能解决真正的问题。你需要积攒更多的闪光点和吸引力，那么你不需要通过讨好来融入人群，自然有人会被你独特的气质吸引。

亲爱的，试着放松

当你想让自己的吸引力更强时，试着告诉自己：

- 当我做真实的自己时，我本就散发着光芒。

- 我是世界上独一无二的，没有人和我一样。

- 我身上没有缺点和优点之分，只有特点。

- 我会像爱惜羽毛一样，爱惜我所有的特点。

- 我是如此的特别和耀眼，我会仔细研究帮自己找到最舒服恰当的位置安放自己。

不排斥意外，
接纳世界的不确定性

我们害怕各种意外的发生，总是想要确定的人、确定的事和确定的答案，因为确定的东西会让我们的内心有一种完结感。我们的大脑就像电脑，如果运行的任务太多，内存空间就会被占满。而确定的事情则可以节省我们的大脑容量，我们不用再思考这些。但往往当我们安稳于确定答案的时候，也失去了对生命的好奇和探索。

我有一个案主，她目前有两位追求者：一个是自己喜欢的 A，但是对方对自己没那么坚定和主动，只是有好感；一个是自己没那么喜欢的 B，但是对方坚定地追求自己，非自己不娶。她很苦恼该怎么选择。

这看上去是选择的问题，其实反映出女孩的内在状态。

如果她是个内心有力量的人，就会选择 A ；如果她内心没力量，甚至有些自卑，习惯依赖别人，大概率会选择 B。

而这样的选择题背后暴露出来的，是"我是谁""我是个什么样的人"的问题。如果她能够透过选择去思考和看到自己，哪怕最后谁都没选，她也依然有幸福的能力。但如果她没有看到自己，而是听从别人的建议选了其中一人，未来当她遇到问题时，她是缺少应对能力的。

我们遇到的所有不确定的事，所有的意外都像冰山一角。这一角能帮助我们牵扯出来更多深层次的东西，让我们好借此机会拔出萝卜带出泥，看到自己的盲区，这些盲区里常常隐藏着更多的潜力和可能性。

🐾 好问题胜过好答案

我曾经也面临过每一个妈妈都可能会遇到的选择：是照顾孩子，还是做好自己的工作？要兼顾两者实在是太难了，生活在北京破旧的一居室里带娃就没法专注地工作，带着孩子离开北京就意味着放弃经营了十多年的圈子，老家的一切都未可知。

在那样不确定的情景下，有一次我参加一个团体小组，回来的路上，我忽然问了自己一个问题：如果真的离开北京，我真的养不活这个家庭，我真的就会落后于人吗？当这个问题被丢出来的时候，我内心不服输的劲儿就被逼出来了，我觉得我可以。

在问出这个问题之前，我内心的声音一直是：压力好大，这太难了，我做不到，风险太大了，我不敢做选择，哪个我都放不下，但是哪个又都挑不起来。

我一直希望能够从外界汲取力量，把自己从这种状态中拉出来，结果越向外汲取，内心越茫然。

所有的不确定背后，往往都指向我们内在的某一种潜能。只有这种潜能被激发之后，这种不确定才会变成"确定"，变成自己可掌控范围内的东西。

一旦你找到了关键问题，并且真正去面对，不抱怨，不逃避，不推卸责任，不依赖他人，你会发现，这个关键问题就是潜能的指路明灯。它带你发现一个更加闪亮的自己，难点在于你能不能从情绪的漩涡中跳出来，而不是陷进委屈、害怕、恐惧中自怨自艾，拔不出来。

学会问自己"我能做什么？我还可以做什么？我还可以成为怎样的人？"，这些问题会帮你锚定未来的方向，看清自己，找到自己身上蕴藏的宝库。

🐾 每一个意外的背后都隐藏着你更大的潜能

我经常跟训练营的学员分享一句话：你遇到的所有意外都是你能搞定的，也都是你能解决的。哪怕现在不能，未来你也一定能。你只需要拿到这些命运给你安排的意外背后所奖赏的潜力就可以了。

一个前半生一帆风顺，从没经历过意外的人是危险的，因为这意味他一直生活在舒适区里，没有机会通过外界的刺激唤醒内在的潜力，只会坐井观天，以为世界就只是自己看到的这一角。确定给他带来了安全感，但是也成了阻碍自我发展的墙，因为他会持续在这种状态下温水煮青蛙。

所以不要排斥意外，也不要惧怕意外，去修炼你的内心，带着不断挖掘和探索自己潜在能量的视角去看待外界发生的事。

所有的意外都是上天给你安排的惊喜，相信你能够通过这场意外找到更加丰富的自己，遇到精神富足通透的自己。

当你带着这样的态度去看待每一次意外的时候，你就会发现这个世界上其实本没有意外，有的只是一次次的自我唤醒。

🐾 主动迎接意外，还是被迫面对不确定性？

这个世界上有很多人的内心是关闭的，他们拒绝接受意外，紧紧抓着现有的一点点东西，生怕这些东西悄然溜走，但是往往带着恐惧抓得越紧，手里仅剩的东西越少。

有金钱焦虑的人就很容易陷入这种状态。他们总担心钱不够花，省吃俭用，不舍得多花一分钱，对生活中的所有花销都精打细算。哪里有促销活动，他们往往最先知道；衣服旧了、不合身了，也不舍得丢；家里到处堆着用不上但又舍不得丢的东西；在工作上，每当需要拍板做决定的时候，他们又会气场不足、压不住场子，总是不能让客户和领导放心。

越是这样，金钱越躲着他们走，人没有底气和资本，就容易陷入焦虑。如果这种恶性循环不打破，自己就很难有松弛感。

金钱的流动也是内心能量的流动，你的内心是封闭的还是敞开的，决定了金钱的土壤会越来越干涸还是越来越丰润。当你每天都恐惧意外会发生，像抓救命稻草一样紧紧抓住手里的一点钱时，内心是紧闭的，你会切断金钱流动的通道，使金钱无法流进来。反而是你越主动敞开，享受这种松弛的状态，金钱就越会向你流动。

在生活中，意外是常态，不是正在发生，就是在来的路上。你排斥也好，接纳也好，它就在那里。当你排斥的时候，意外的影响力往往会被放大几倍甚至几十倍，也更容易固着在你的情绪里。

但是如果你带着主动敞开的心态，把意外看成世界送给你的一份礼物，你就会修炼成一个内心越来越强大的自己。把每一次意外当成激发潜力的机会，你就是自己最重要的人。你强大了，你的世界才经得起任何意外。

亲爱的，试着放松

 当你遇到意外时，试着告诉自己：

- 每一次意外都是更具能量的我被唤醒的前奏曲。

- 发生的一切，我都坦然接纳。

- 我本就是敞开的，我跟世界是一体的。

- 意外也是世界送给我的礼物，我准备好接受这份特别的礼物了。

允许自己**出错**，
允许自己不知道

我在参加创伤疗愈的培训时，老师给我们提了一个特别的要求——今天要让自己至少犯3个错。当时我听完后，心里顿时感觉一阵轻松，因为我们常常要求自己不犯错，却很少看到犯错背后的价值。

学习任何新东西，都会有逐渐精准对焦的过程。在这个过程中，如果你不允许自己犯错，就相当于绑住了自己的手脚，却逼着自己赶快跑。

🐾 敢犯错的人才是真正内心强大的人

犯错就像海面上的浮标，浮标下透露的既是我们的问题，又是我们的进步空间，也说明我们正在行动。只有正在努力尝试的人才会犯错，而什么都不做的人，确实不会犯错，但同时也会让自己止步不前。为了不犯错而让自己止步不前，无异于吃饭怕噎着，直接绑住了脖子。

很多人怕犯错，其实是内心脆弱的表现。他们怕出丑，怕别人看到自己的无能、失败和糟糕，进而不喜欢自己，甚至会贬低和嫌弃自己。因此他们竭力掩盖自己可能会犯错的事实，维持凡事都游刃有余、手到擒来的形象。

但只要你想往前赶路，想要涉足未知的领域，想要突破自己的舒适区，犯错就是你进步过程中获得的奖赏，永远不犯错的人说明他待在安全空间内已经太久了。

那些勇敢犯错的人才是真正内心强大的人。因为他们的内在力量足以支撑他们的自我价值感，所以他们可以大踏步地向前，走向自己未知的领域，去拓宽自己的认知边界，并且在这个过程中一点点学会原本不熟练的、不懂的、会犯错的事情，让这些变成自己认知范围之内的内容。随着犯的错越来越少，他们对这个领域的了解越来越透彻。

🐾 结果型思维 VS 成长型思维

我们害怕犯错，通常跟过往经历有很大关系。如果一个孩子只要犯错，就会被惩罚、被批评、被羞辱、被质问："这么简单的问题，你怎么能犯错呐？"，那么这个孩子对犯错留下的情绪记忆都是恐惧和受伤。

但是如果一个孩子犯了错，能得到理解和鼓励："犯错说明你在不断进步，恭喜你又能往前一步了"，那么孩子内心升起的情绪就不是恐惧和受伤，而是新的希望和进步的可能。

这两种反应是站在不同的角度去看待犯错的。<u>前者是结果型思维，后者是成长型思维</u>。

前者背后的思维逻辑是：你应该做好所有事，犯错是不应该的，只要犯错就要受到惩罚。你只有够害怕，以后才不敢犯错。

这样的方式虽然也有效果，却是以牺牲一个人的内心动力为代价的，并且孩子会时刻警惕，担心把自己的弱点暴露给别人，担心被嘲笑或被看扁，这是很多人不敢犯错的底层逻辑。

成长型思维则不同，它关注的是一个人的成长，而犯错则是必然的。这种思维方式始终关注积极面，底层逻辑是相信每个人都能成为最好的自己，也都愿意成为最好的自己。只要给他提供一个足够安全的空间，他自然在犯错的过程中不断地进步，错误会越来越少，进步会越来越多。

我们不需要时刻证明自己是足够好的。 从出生的那一刻起，一个人就已经具备生命本身的价值了。这份价值是不打折扣的，也是不会损耗的。我们只需要在以后的生活中找到适合自己的位置，去发挥自己的价值，淋漓尽致地展现自己的特质就足够了。

犯错和不知道都是必然会发生的小事，就像一个人在爬山时脚下的垫脚石一样，不必挑剔自己上山的姿势不够美，垫脚石不够光滑。

一个人努力活成自己最有魅力的样子，不断拓宽自己的边界，突破自己的知识盲区，这种状态就已经是最妙的存在了。

如果从现在开始，每个人都带着这样的眼光去看待犯错这件事，社会环境就会更加松弛，养育出来的下一代自然无须花太多心力，就能成为敢于犯错、敢于进步、敢于突破自己舒适区的人。

你已经足够好了，你不需要向任何人证明什么

心理学里经常讲一句话：比起怎么教育孩子，你是一个什么样的人更重要。如果你能活得自洽，孩子就会在你的身后有样学样，因为他们亲眼看过有人走过的这条路并没有想象中那么可怕。

所以，让自己活得松弛、自洽，孩子不需要你催促、鞭策、要求，你所展现出来的快乐、自信、阳光和松弛，就会自然而然地影响孩子以及身边的人。

从今天开始，允许自己犯错，允许自己不知道，时刻提醒自己：

> 我已经足够好了，我已经足够有魅力了，无论是我的优点还是缺点，都是我的特点。
>
> 我不需要向任何人证明什么，也不需要通过任何事来证明什么。
>
> 犯错没什么大不了，犯错说明我在进步，我没有一直停留在自己的舒适区中原地踏步。
>
> 感谢我每次犯的错，感谢我自己能够一直这么勇敢。

一个人的能力可以触达的边界通常是自我的掌控范围，犯错的过程就是逐步拓宽能力边缘的过程。通过修正错误的技巧和方法，一步步去锤炼本来脆弱的内心，就是提升自信的过程。

对每个人来讲，适度地体会挫败感，在合理的范围内不断增长经验和方法，则是让我们的内心越来越强大的必经之路。当你可以这样活着的时候，你就拥有了一种强大的魅力，就像一道光一样，照进这个世界，照进他人的人生，你的存在本身就很珍贵。

亲爱的，试着放松

 当你犯错时，试着告诉自己：

🐾 恭喜我，又前进了一步。

🐾 不是每个人都能在犯错时，坦然面对自己
的盲区。

🐾 我又有机会让自己变得更厉害了。

🐾 谢谢这个可爱的错误，改正之后让我想想
怎么犒劳一下自己。

未来还很长，
允许自己短暂地躺平

🐾 倒逼型思维：有一天你要离开这个世界时，你希望自己是个怎样的人？

在我的内在力量训练营里，有一个每期必备的讨论话题：当有一天你要离开这个世界时，你希望自己是个怎样的人？这是一种倒逼型思维，用你的最终目标来检验现在的你是不是未来想成为的人。

努力很重要，但方向更重要。找准自己的方向，才能做好规划，向着自己未来的方向努力。如果南辕北辙，一切都没有意义。越是方向明确、有长远规划的人，人生越不会陷入焦虑，因为他们知道终有一天会达到自己的目标。

我有一位男性案主，马上到退休的年龄了，事业上也博得了一席之地，有一定的社会地位。他唯一遗憾的是老婆在闹离婚，并且已经起诉他了。两个儿子都不认他，因为从小到大几乎都是老婆在操持家庭，他永远是不在场的，也没有任何发言空间。无论他说什么，孩子都跟他对着来。

他退休之后，原本围绕他的鲜花和掌声渐渐退去，老婆和孩子也早已习惯了没有他的日子，甚至内心还对他满怀怨恨，充满仇视。他的内心充满了悔恨，当初为什么一心追求事业，从来没想过好好听听老婆和孩子到底想要什么。

一个人的时间、精力投资在哪里，成果就在哪里。我们要经常检查投资的是不是内心真正想要的，反过来讲，我们真正想要的东西有没有真正投入时间和精力去经营。

事业、人际关系、个人生活都需要经营，这个世界上没有任何东西可以不劳而获，更没有任何东西是理所当然的。

哪怕是亲子关系，虽然一个人可以顶着父母的身份，但想要孩子敞开心扉地信任和依赖自己，发自真心地敬爱和感激自己，这是需要父母花大量的时间和精力去经营的。

人最可悲的是以为自己要 A，结果努力半辈子发现自己其实想要的是 B。可是已经没有时间去修正，从头再来，错的已经错过。与其这样，不如早一点搞清楚自己真正想要什么，学着从目标来倒逼行动，而不只是跟着感觉走。

所以，现在送大家三个宝贵的问题，现在就停下来问一问自己的内心：

1. 在我生命结束的那一天，我希望自己是个什么样的人？我又希望别人怎么评价我？

2. 我现在做的一切可以帮助我成为这样的人吗？

3. 我有真正为自己的目标投入吗？还有哪些行动需要纳入计划中？

🐾 突破和满足并重

未来很长，不要着急马上就看到结果，事物的发展都有既定的规律。你现在种下焦虑的种子，每天让自己无效地瞎忙，结果就是更加焦虑，时间也被浪费了。如果你在内心种下松弛、行动有序的种子，结果就是你逐步成长，实实在在地有所收获。

因上努力，果上随缘。我们要在可控的范围内做最大的努力，在不可控的范围内收回自己的精力和时间。

永远记得，你才是一切的根本，把发生的一切当成对自己的历练。如果你没有从一件事中学到什么，那么哪怕这个问题解决了，你可能还会遇到类似的问题，下一次运气可能就没那么好了。

而在个人的成长中，突破和满足则是支撑我们持续成长的"两条腿"。突破是挑战和冒险，满足则是松弛和滋养。

满足可以让我们像加满油的车子一样，有充足的动力前进；突破则让我们在可控的范围内，去做需要付出努力才能做到的事。一开始我们可能有点害怕，但只要加把劲儿就能熟练地把握事态发展。

我们可以向外推进，拓宽自己的能力边界线，随着自我突破和满足过程的反复交替，我们的能力就会一步步提升，自我也在一步步强大，想要的未来也会自然而然地到来。

如果在人生路上不停歇，那么再有力量的人也走不远。所以我们不仅要关注自我满足，还要学会享受满足，允许自己停下休息，去感受突然不紧绷的"不适"，在别人都努力奔跑的时候稍作休息，休整身心。

　　始终活在自己的舒适区的人，他们的日子过1天、过100天其实没什么区别，不过是时间的重复而已。而不断拓展自己能力边界的人则不同，他们会把界线一步步推向外，这就是能力边界拓展的过程。为了方便大家理解，我整理了一幅能力边界拓展图，图示如下：

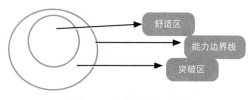

图4-1　能力边界拓展图

　　所谓满足，就是一种松弛感，就是学会爱自己，及时关注自己。生活很慌乱，我们要学会适度地让自己停下来休息，给自己留出一定的空间去做真正喜欢的事，而不是为了凸显自己的价值，把自己累到死，然后把无法停下来的恐惧和愤怒发泄到别人身上。

"我"配得上自己想要的一切状态

有效的自我满足来自清晰的自我关注、明确的自我需求，直接为自己的需求负责，并且身体力行地去执行。而这点说起来容易，做起来难，因为有很多自我价值感不高的人，内心被恐惧装满，一旦停下来，就好像周围会有一种声音指责自己："你配吗？"

我有个朋友，她每到过年都会给妈妈买身新衣服。但是每次妈妈都会嫌弃她乱花钱，非让她把衣服退了才肯罢休。分析这位妈妈的心理就会发现，她觉得自己配不上这件衣服，发自内心地觉得自己不该享受。高昂的价格在时刻刺痛她的低自我价值感和不配得感，所以她只有拥有跟自己价值匹配的东西才有安全感。

一个人内心的价值感越高，就越能允许自己躺平，越懂得爱自己，这跟职业、身份、收入、学历等关系都不大。允许自己躺平，学会爱自己的前提是，你要相信自己是值得的，你已经足够好了，你配得上所有美好的事物。

一个敢于爱自己的人才会吸引别人的爱。能够让自己有效躺平的人，往往更敢于冒险和突破，不惧怕拒绝和失败，也能承受得住别人的失望。这份抗挫力往往能够帮他们一点点突破自己的能力边界，成为内心更加强大的自己。

亲爱的，试着放松

 当你想躺平时，试着告诉自己：

🐾 我的身体在提醒我需要休息了。

🐾 我想躺平就可以躺平，这是我的权利。

🐾 我很高兴，我愿意享受这种权利，我有能力享受这种权利。

🐾 现在我可以怎么舒服怎么来。

你要学会**暂别**职场，紧急下班

🐾 你在扮演什么角色？

每个人在一生中都要扮演很多种角色，比如：子女、父母、伴侣、员工、领导、自我，等等。而切换角色是我们常常会忘记的事情，扮演某一种角色太久了，我们就会以为这就是全部的自己，从而慢慢丢失了其他角色和关系。

来咨询婚姻问题的，有很多女老板，她们在公司习惯了命令员工，回到家忘记切换角色，说话的语气和态度常常让伴侣和孩子不舒服，婚姻开始触礁。

也有些人忙着照顾一家老小，尽职尽责扮演好妈妈、好爸爸的角色，却唯独没有好好经营两人的夫妻关系，最终导致离婚。

在如今的社会环境中，人们忙着升职加薪，背负着房贷和车贷，养育孩子，孝顺老人，却独独没有自己的生活。当两个人没有一点点独处时间时，他们拿什么来留住爱情？不在相应的角色下，自然就没有相应的关系状态。

如果你把所有的时间都留给工作，那么就一直都在扮演打工人的角色。就像身上背着几块大石头一样，你感觉走到哪里都很沉重。哪怕你已经下班了，但是内心并没有下班，没有给自我留出一点点时间和空间，那么你拿什么来让自己的能量复原？

除了自我，前面的每一种角色都是在从我们的内在汲取能量，而自我是在给我们的人生注入能量。

给自我留出空间和时间，出来透口气

想一想，你有没有特别喜欢做的事情，可以让你专注下来，忘记时间，忘记目标，尽情地享受？或是种花种草，或是唱歌跳舞，或是跑步游泳，不管是什么，去做这些看上去对你的工作没什么意义，但是能让你放松、舒服、享受的事情，那就是你的自我出来透口气的时候。

每个人自出生起，都带着强烈的自我角色，这是我们天然的能量宝库。你去观察小孩子，他们看蚂蚁能看半天，而且乐在其中。这是我们生而为人的本能，我们越在年龄大的时候，这种本能越能显现出可贵之处。

很多人成绩好、事业好，但是内心却感受不到真正的快乐，成了空心人，这就是自我角色被过度剥夺造成的。我们在成年的过程中，被训练要扮演好很多角色，越来越多的角色不断挤压我们的自我空间，最终忘记了自己的快乐和能量源头在哪。

不管工作多忙，一定要记得下班之后，给自己安排一部分时间去做真正喜欢的事。你的身心愉悦了，大脑才能高效运转，工作状态自然也会很好。但如果你的内心是拧巴和痛苦的，自我充满了愁苦和排斥，那你越用力做事情，问题就越难以解决。

🐾 学会与问题共存，让子弹飞一会

不管是工作还是生活，这个世界上有很多问题是无法解决的，你只能超越它。但是超越的过程往往不是一蹴而就的，

210

而是需要一个自我成长持续累积的过程。

在内在力量的训练营里，有这样一个姑娘，按她的工作经验和能力来看，她早该升职了，但是就因为她惧怕领导，每次遇到领导就绕道走，结果错失了很多机会。只要领导在场，她就会变得连说话都磕磕巴巴，领导也因此一直质疑她的工作能力。

表面上看这是工作的问题，实际上是跟领导配合沟通的问题，再深一步来讲是和领导关系的问题。从更深层面上来看，是她跟男性权威，也就是与父亲的关系问题。

她只有能够停下来真正面对问题，而不是每天都火急火燎地赶项目，她才有可能超越这个问题。

后来当她与职场暂时拉远距离，才发现她对男性领导的恐惧，跟早年被父亲家暴的恐惧有关。而那些恐惧牢牢地抓着她，让她根深蒂固地以为男性长辈很危险，都可能会伤害她。

如果这个恐惧不做处理，她就会一辈子活在小时候被父亲打的画面里。当她看到这一点的时候，试着一点点跳出来，后来就再也不怕男性领导了。

这对她的人生来说是一场实实在在的超越，她超越了过去那个活得胆战心惊的小女孩，从创伤里把自己解救出来，真实而自由地展现自己。

无论是在职场，还是在家庭生活中，我们所遇到的问题越困难，越需要学会给自己按暂停键。把自己与问题的距离拉远一点，带着与问题共存的心态，让问题像子弹一样飞一会儿。

不要把问题当成包袱或烫手山芋，只想赶快扔掉它。因为问题的背后往往是对我们的一场唤醒，假如这个问题唤醒了需要超越的你，问题就会自然消散。如果还没有唤醒你，它便会一直来找你，直到那个更加智慧豁达的你被唤醒为止。

感谢我们在职场路上、感情路上遇到的所有问题，有了它们，才有了越来越智慧成熟的自己，也感谢坚持走在路上的自己。保持前进，不急不躁，你想要的都会在前方等你。

亲爱的，试着放松

 当你下班时，试着告诉自己：

🐾 现在是我完全放松的时间，我可以尽情地享受。

🐾 此时此刻，我可以想做什么就做什么。

🐾 会尽情放松的人，才能高效工作。

🐾 我喜欢敢于完全放松享受生活的自己。

界限内放过自己，界限外放过别人

🐾 不断追求完美是一件好事吗？

希望把事情做得完美，有时候是一种美德，有时候却是一种自虐行为，这种行为的背后通常是人生目标不清晰。

在婚姻中，妻子常常抱怨丈夫不求上进，而丈夫也觉得妻子过于唠叨。两方都各有各的道理，在婚姻里面，这是一个普遍的问题。

其实核心关键在于，他们都忽略了一个很重要的点：界限感。越亲密的关系，越需要有界限感。也就是说，哪怕你们结了婚，成了一家人，也依然需要尊重对方。

因为对方不是你，有界限就是允许对方跟你不一样，有权利做自己。当然你也可能会说，结了婚不就是要一条心，夫妻奔着一个目标共同努力吗？这些当然也要有。

但这就像一个人有两条腿，其中共同目标是一条腿，边界感就是另外一条腿。你们既要有共同目标，又要做到和而不同，而不是扼杀个性。至于"和"到什么程度，则取决于一个人内心对自我的挑战程度。

你的伴侣是你最好的老师

该怎么理解这句话呢？越是差异大的夫妻，对方身上的特质基本上就是你的短板，不然对方也不会吸引到你。

一个积极上进追求完美的女人，为什么会被一个安于享受生活的男人所吸引？答案很简单，她内心其实很渴望享受生活，但是她又无法享受生活，这恰恰是她最缺乏的能力。

一个人跟伴侣的关系基本上就取决于跟自己的关系，不断追求完美的自己和想要松弛享受的自己不断在打架，结婚后就会变成夫妻两个人的战争。但其实这场战争无非是一个人的欲望和理性的较量而已。

理性想要扼杀掉欲望，结果在重大选择上偏偏给自己找了个欲望至上的人来帮自己中和掉过多的理性。可是一旦真正相处起来，本来就过多的理性却总想干掉欲望，而欲望也一边打游击战，一边又卷土重来。边界在这里起到的作用，其实是平衡理性和欲望，而不是让理性大摇大摆地占领道德制高点扼杀掉欲望，也不是让欲望过度泛滥冲垮了理性。

如果把人比喻成一辆车，刹车是理性，油门是欲望。要想让车好好开下去，就需要把油门和刹车配合好。而人同样如此，欲望和理性都重要，我们需要学会的是平衡和协调，而不是消灭异己。但可怕的是很多人丢失了平衡的能力，甚至被其中一种反噬。

比如妻子唾沫横飞吐槽老公是如何如何玩物丧志的，却忘记了当初自己为什么会被这样的人吸引。看不见自己的人，往往最热衷于攻击别人，因为攻击别人可以暂时逃开面对自己的痛苦。如何学会放过自己，也放过别人呢？

🐾 理性与欲望的平衡 🐾

理性往往启动的是我们的理智脑，我们在成长过程中被教育或者灌输了很多想法和观点，比如：你要好好学习才有出路，平庸是可耻的，你不学习就会被别人超越，你这辈子不努力长大了会被人瞧不起……这些想法曾经一定保护过你，也帮助过你，所以你不需要对抗这些想法，但也不需要顺从。

顺从就会被淹没，对抗就会产生内耗。你需要告诉自己：这只是一种想法而已，有帮助也有局限，带着俯视的眼光去看待这些，带着平视的眼光去运用这些，警惕自己掉入以仰视的眼光看待这一切的思维陷阱，警惕把这些当成唯一的真理去遵从。

欲望启动的是我们的本能脑，是一个人最原始的快乐和放松，这是直接通向一个人内心和身体最短的路径。它会帮助我们的身体吸取能量，体验被滋养的感觉，让我们保持生活的激情和热情，感受快乐和幸福。就像给汽车加油一样，欲望的满足一定程度上可以让我们振奋精神，找到内在动力和乐趣去享受做某件事。

我们既要给自己的本能脑留出空间，让自己快乐，也要给理智脑留出空间，让自己可以适应这个社会。这才是一个健康的人应该有的状态。

如果你已经被各种理性的声音淹没，每天的状态都不够松弛，常常拼命鞭策自己努力进步，要不断往前赶，觉得平庸可怕，就说明你已经把自己弄丢了。

你变成一台不断获取成就的机器，外表光鲜亮丽，人前端庄大气，却不知道自己喜欢什么，也不知道自己不喜欢什么，甚至不知道让自己真正快乐的是什么。

你没有机会让自己沉浸在喜欢的世界里，因为你觉得这样浪费时间，没有意义，还不如多看点专业书籍。

这就是为什么很多大学培养了一批批成绩优异的孩子，但是他们到了社会之后无法适应，因为他们的内心是空虚的，没有学会跟人交往。

所以，花一些时间去做没有意义，但是会让你内心感觉到快乐的事。在这个世界上，你本身大过任何目标、任何事情的解决方案。如果你自己都不快乐，那么你绞尽脑汁换来的一切东西，就算得到了也留不住。

🐾 你是不是正在变成一个"复制人"？

想想看，假如到了生命的最后一天，你躺在床上回想这一辈子。你为了让别人夸自己两句，让别人觉得自己很优秀，一辈子都没敢停下来过。你每天拿个小鞭子不断地抽着自己往前跑，达到一个目标之后，喘口气马上开始奔着下一个目标前进。

前方总有无穷无尽的目标等着你，总有更高的要求、更大的提升空间等着你，总有"你还不够好"的声音等着你，你牺牲了自己的快乐、兴趣，剪断了自己的翅膀，所有的规则就像绳索一样勒进了你的皮肤里，跟你的血液、筋脉、肌肉长在了一起。你越来越分不清自己是谁，你变成了一个"复制人"，再把这种复制传给孩子、伴侣等所有跟你亲密的人。

界限之内放过自己，并不是说对自己的要求少一点，规则少一点，而是先看到你是个活生生的人，不是完成任何目标的工具。当你看到自己是一个有血、有肉、有生命力的鲜活个体时，你做的任何事都是带着内在能量的，做事反而更容易水到渠成，那是从你的生命之流中迸发的勇气和智慧。

如果你无法突破自己制定的规则，经常焦虑，你就告诉自己：我焦虑了，我制定的规则又来捆绑我了，它让我觉得做快乐的事是在浪费时间。

活出生机勃勃的自己，找到自己感兴趣的事情，找到能滋养自己内心的东西，是每个人人生的第一要务。

放过自己，也能放过别人，你做到了吗？

亲爱的，试着放松

当你追求完美时，试着告诉自己：

🐾 我想追求完美，让自己和一切都变得越来越好，这样很好。

🐾 我做不到完美，总会有些瑕疵和问题，说明我是正常人，这样也很好。

🐾 我喜欢追求完美的自己，如此精益求精，很了不起。

🐾 我走在达到完美的路上，勇于向前的我已经足够好了。

🐾 我可以享受不断变得完美的我和路上的风景，我可以放松一点。

读懂"**自我**"这本书，
过自己想要的生活

每个人都是一本书，打开封面，书里的内容是你的人生经验。有些人只有华丽的封面，打开之后里面的内容索然无味。有些人却完全不同，封面质感独特，内容也越读越有内涵，越读越有味道。

我们经历的所有事情，都是在唤醒蕴藏在身体里的潜力，帮助我们成为更加真实更有魅力的自己，但这需要我们带着这种读懂"自我"的心态。

追根溯源，一个人遇到的所有问题，源头都是无法充分地活成自己，而你所有的缺点不过是自我魅力干瘪所显现出来的问题。

所以读懂自我，就是要带着发掘自我的思维和视角，学会用科学的方法帮助自己投石问路，一步步活成真实的样子。

那么，到底该怎么做呢？这里跟大家分享三个核心的关键操作，作为本书最后一节的礼物送给大家。

🐾 第一步：练习探索自我性的语言

很多人遇到问题的时候喜欢问：为什么你要这么做？你凭什么这么对我？把自己摆在受害者的位置上，觉得都是别人的错，想让别人替自己承担责任，这是大忌。因为你会失去掌控的机会，失去探索自己的盲区和成长的机会。

我之前有个同事，每次领导分配项目，他都觉得领导把好的项目给了同事，是在给他穿小鞋。他经常跟领导诉苦，说自己的经济压力大，想多争取机会。领导给他看客观数据，别人的项目复购率都高于他，他又觉得领导只看这一个维度，对自己不公平。

总之，他对公司和领导有诸多抱怨，从来没想过自己去适应公司，也很少沉下心来反思自己有没有问题，最后领导拿他没办法，只能让他离职走人。

当我们遇到问题的时候，常常会有两个思考方向：我怎么了？别人怎么了？通常顺着这两条路思考下去，我们总会发现些什么，但思考别人的问题并不能掩盖我们自己的问题。

很多人总觉得"我一定要找到别人的错"，才能证明"我自己没错"。总是执着于强调别人错得有多离谱，问题有多大，并不能让自己实现成长，只会让我们待在舒适区，无法培养解决问题的能力。

所以，学会问探索自我性的语言，可以把我们引向潜能宝库的门口。我们可以这样问自己：我可以做到吗？有什么资源可以帮到我？我的困难是什么？是什么阻碍了我做成这件事？我可以向谁求助或学习？这些探索自我性的语言可以把自己推向真正的起跑线。

🐾 第二步：警惕你内心的两只拦路虎

走到这一步的时候，我们常常会遇到两只拦路虎：一只是依赖心理，一只是恐惧心理。

把自己放在受害者的位置上，总想指责别人，让别人做什么，都是出于依赖心理。一个人的依赖心理是最容易让自己迷路的。

很多女性在职场上明明有好的想法和方案，也不敢提出来，因为害怕被批判或否定；遇到自己喜欢的衣服，只要别人说不好看，也会轻易放弃；一旦在关系中出现问题，要么情绪失控地指责别人，要么一味道歉认错，把责任都揽到自己身上。这种依赖会让她们错失很多表现自己和学习成长的机会。

有依赖心理的人对待自己的能力和天赋是潦草和敷衍的。他们在生活中遇到的磕磕绊绊，大多都跟这点有关。他们把手脚绑起来，却希望有人来背着自己走。他们出让了人生的话语权，也出让了自己的未来。他们看似轻松自在，不用做选择，不用面临挑战，其实时刻在看人脸色，只能小心翼翼地讨好别人。

一个人会遇到的所有问题，都表明其拥有某项天赋。你本可以借助这个天赋让自己活得更好，实现自己的价值，找到适合自己的位置，像太阳一样发光发热。

可是有些人看不懂，不会用，甚至惧怕自己的特质。他们假装这些不存在，试图去依赖别人，把责任丢给别人，把选择权也丢给别人，永远徘徊在潜能宝库的远处，迟迟难以靠近这个大门。

第二只拦路虎是恐惧心理。人对未知的恐惧几乎是天生的，尤其是走没有人走过的路。读懂自己、成为自己的路，注定是一条孤独的路。

你在这个世界上本就是独一无二的存在，自你出生起，你就已经拿到今生的脚本，包括原生家庭、原始性格、身材样貌、潜在能量。这条路注定是孤独的，是没有前人经验的。

这意味着没有人可以告诉你到底什么是对的，什么是错的，更没有人告诉你前面哪些是安全的，哪些是不安全的。这些都需要你自己去探索，自己去发掘。

我们每个人都会恐惧，这是我们的天性。但我们需要学会带着自己的恐惧往前走，恐惧是在提醒你警惕危险，保护好自己。同时也是在带着目标、问题和对自我的好奇往前走，一直走下去，累了可以停下来休息，但是永远不要放弃走下去的动力。

当你偶尔休息的时候，回头看会发现原来已经走了这么远。你会发现，你正在做超出自己想象的事，拥有你自己都不曾想过的状态。

世界上的大多数人都止步于这两只拦路虎，而你只要多花一点心思去做这些，就已经超越了大多数人。

🐾 第三步：制定合理的目标，行动起来

当你已经站到潜能宝库的门口时，接下来就需要勇敢地推开门，迈开脚步走进去，并基于自己的恐惧做出合理的风险规划，然后一步步执行就够了。

2017年，当我决定放弃十多年的全职工作，离开北京回到老家生活的时候，我担心不能保持良好的个人成长，放弃前沿的人脉关系，也急需足够的咨询量来养活自己的家庭。

这个时候，我尝试的第一个行动就是市场调研，那个阶段我几乎会问身边每个做兼职的心理咨询师，他们的个案量、个案来源、收入状况、生活状态、遇到的困难等。

当我全面了解这些之后，我才给自己做了充分合理的计划，有针对性地细化和模拟之后的生活状态、可能出现的问题、解决方案、成本代价等。

永远不要懒得替自己思考。一个人越是全面地为自己做好规划，越能承担自己的人生，打败依赖心理和恐惧心理这两只拦路虎，敢于想象，敢于直面核心问题，敢于为自己做行动计划，敢于活出自己的人生。梦想有一天也许真的会实现呢？

赠送大家一个小工具，这是我当时做潜能激发计划时用到的，希望它能陪着你一步步突破自己成长的关卡，活成越来越有魅力的自己。

附：

潜能激发计划表					
我当下的问题	我需要开发的潜力	我已有的能力	我已有的资源	我当下马上可做的3件事	未来潜能开发之后的画面

亲爱的，试着放松

当你想了解自己时，试着告诉自己：

- 我有一个宝库，就是我自己。

- 感谢父母在我出生的时候，就送给我这个能应对一切问题的宝库。

- 我喜欢观察自己，并从中发现自己。

- 未知的自己就像海边的珍珠在等我去捡。

- 我会在每一天、每一件事、每个念头里找到我自己。

- 我正在开启一段这样有趣的旅行，轻松享受其中。

致　谢

　　这本书能够出版，背后有很多贵人相助。这不是我一个人的书，而是背后几个团队共同精心打磨出来的结果。我心里有很多很多想要感谢的人，他们都曾在不同程度上，对这本书的出版产生了影响，所以我还是想在这里记录下一些名字，这是对有贡献者起码的尊重。

　　首先，特别感谢马晓娜老师从最初的主题策划，到整个过程的耐心把握，一直精准地把握读者的需求，并跟我们的内容对接起来。没有晓娜老师，就没有这本书，这是毋庸置疑的。另外还要感谢顿顿老师、苏珊老师耐心细致地审稿，不厌其烦地精准到每个字，就像对待工艺品一样对待这本书的每个细节。透过这种工匠精神，让我看到把一件事做到极致的用心，很荣幸人生第一本书就能遇到这样的团队。

　　其次，要感谢插画老师猫右为本书做彩插，让这本书更加符合主题，让读者在看文字时更加享受和放松。优秀的人做绿叶依然光彩夺目，不管在哪里都会散发光芒，感恩以这种方式相遇，也希望大家以后多多支持猫右老师的插画，这是一个用心画画的人。

再次，这本书缘起于我们之前在百度百家号开展的内在力量训练营，所有的想法、观点都是基于训练营里的每一位学员身上发生的生命故事的延展。感谢他们的信任，感谢他们勇于探索发生在自己身上的故事，并敢于剖析自我、突破自己，才有了这些文字。他们有的已经是60多岁的奶奶，有的是20多岁正被工作困扰的初入职场者。无一例外，他们都在坚持面对问题，探索自己的潜能和突破自己，努力让自己的生命活得更精彩。

更要感谢百度知识付费团队的老师们，没有他们提供平台，就没有这样的机会。最后还要感谢我们团队的每一位伙伴，是他们的坚持和陪伴以及在背后默默做的许多努力，才能让我们可以一起成就更多人，帮助更多人。

最后，要感谢我所学习的心理学流派，以情绪取向（Emotionally Focused Therapy，EFT）婚姻家庭治疗系统为主以及萨提亚家庭治疗等心理学派的各位老师和同学们的教导和陪伴，并特别感谢潘幸知老师、丁建略老师、刘婷老师、王思渔老师等，就不一一点名了。他们都是我生命中的贵人，在我人生的某个阶段，影响并照亮了我前方的路。

感恩每一位看到此书的读者朋友们，有缘以这样的方式参与到你们的人生中是我的荣幸，祝愿你们都能够活得越来越松弛，越来越游刃有余。

附录 1

内在力量自测表

请阅读下面的每一个陈述，并根据自己的符合程度选择"是"还是"否"。

1. 我相信自己是值得被爱的。 是□　　否□
2. 我相信自己是足够好的。 是□　　否□
3. 我相信自己是有能力的。 是□　　否□
4. 我不害怕冲突。 是□　　否□
5. 我不害怕被拒绝。 是□　　否□
6. 我喜欢我的缺点。 是□　　否□
7. 我喜欢和别人聊天。 是□　　否□
8. 我经常会获得别人的认可。 是□　　否□
9. 我敢于向别人求助。 是□　　否□

10. 我求助时经常会得到别人的回应。

是□　　否□

11. 我经常欣赏自己。

是□　　否□

12. 我听得进去别人的意见。

是□　　否□

13. 我会管理自己的情绪。

是□　　否□

14. 我会平和表达自己的意见。

是□　　否□

15. 我的意见经常会被别人采纳。

是□　　否□

评分标准：选择"是"得1分；选择"否"得0分。

最终得分累加，≥10分为内在力量充足型；

最终得分累加，5分≤最终得分<10分为内在力量不足型；

最终得分累加，<5分为内在力量缺失型。

附录 2

内在力量提升表

内在完全没力量是0分，特别有力量是10分，你会给当下的自己打几分？做完表里填写的事情之后，你又会给自己打几分？

日期	来源（自我、他人）	事项	力量值变化
示例： 1月10日	自我	写成功日记	感觉内在力量分值提高了3分，内心更加踏实、坚定、坦然

附录 3

内在力量消耗监控表

日期	来源（自我/他人）	消耗方式（自我）	具体内容	消耗方式（他人）	具体内容
示例：1月10日	自我+他人	过度自我否定，过度自我批评，过度自我限定，过度自我忽视，过度自我贬低	我不行、我做不好	肢体暴力、语言羞辱，贬低否定，贴标签，远超能力的高要求，忽略或不回应	你要赶快结婚，你看人家一个个都有家了，你怎么就不行呢？

237